钛石膏基复合胶凝材料在道路工程中的应用研究

贾致荣　著

科学技术文献出版社
SCIENTIFIC AND TECHNICAL DOCUMENTATION PRESS
·北京·

图书在版编目（CIP）数据

钛石膏基复合胶凝材料在道路工程中的应用研究 / 贾致荣著. —北京：科学技术文献出版社，2024.5

ISBN 978-7-5235-1366-8

Ⅰ.①钛…　Ⅱ.①贾…　Ⅲ.①钛—石膏—胶凝材料—应用—道路工程—研究　Ⅳ.① TQ177　② U41

中国国家版本馆 CIP 数据核字（2024）第 099994 号

钛石膏基复合胶凝材料在道路工程中的应用研究

策划编辑: 张雨涵　秦　源　责任编辑: 李　鑫　责任校对: 王瑞瑞　责任出版: 张志平

出 版 者	科学技术文献出版社
地 址	北京市复兴路15号　邮编　100038
出 版 部	（010）58882909，58882087（传真）
发 行 部	（010）58882868，58882870（传真）
官方网址	www.stdp.com.cn
发 行 者	科学技术文献出版社发行　全国各地新华书店经销
印 刷 者	北京厚诚则铭印刷科技有限公司
版 次	2024 年 5 月第 1 版　2024 年 5 月第 1 次印刷
开 本	787×1092　1/16
字 数	278千
印 张	16
书 号	ISBN 978-7-5235-1366-8
定 价	68.00元

前　言

钛石膏是钛白粉生产企业以硫酸法制备钛白粉时，为处理酸性废水，加入石灰（或电石渣）等中和酸性废水而产生的以二水石膏（$CaSO_4 \cdot 2H_2O$）为主要成分的工业固废副产物。在钛白粉行业中，采用硫酸法每生产 1 t 钛白粉，产出 6~10 t 的钛石膏。中国的钛石膏产量逐年增加，年排放量已超过 1000 万 t，但钛石膏的综合利用率较低，仅为 10%，其余部分的处理方式仅为渣场堆放。目前，钛石膏堆存量超过 1 亿 t，不仅占用土地资源，而且钛石膏经雨水冲刷后有害物质会进入土壤，污染土壤和水源，造成环境破坏。

碱激发胶凝材料是一种以硅铝质废弃物为主要原料、在碱的作用下具有水硬性的新型胶凝材料。与传统硅酸盐水泥相比，碱激发胶凝材料具有能耗低、强度高、二氧化碳排放量低等优点。因此，研究以钛石膏、矿渣、粉煤灰为主要原料制备碱激发钛石膏基复合胶凝材料，对钛石膏等固废的综合利用、水泥行业的节能减排等具有十分重要的意义。

本著作由 10 章组成。第一章主要介绍了钛石膏基复合胶凝材料的定义、研究背景、研究现状、研究目的与意义；第二至第四章分别介绍了碱激发钛石膏粉煤灰胶凝材料、碱激发钛石膏矿渣赤泥胶凝材料和碱激发钛石膏矿渣胶凝材料的原材料、试验方案与方法、试验结果与分析；第五章主要介绍了碱激发钛石膏粉煤灰胶凝材料稳定土的配合比及养护方式、路用性能；第六章主要介绍了碱激发钛石膏矿渣胶凝材料稳定土的合理掺量及养护方式、路用性能、盐侵蚀性能；第七章主要介绍了碱激发钛石膏矿渣胶凝材料稳定碎石的配合比设计、力学性能及耐久性能；第八章主要介绍了碱激发钛石膏矿渣赤泥胶凝材料稳定碎石的胶石比确定、制备工艺及路用性能；第九章主要分析了各种碱激发钛石膏基胶凝材料的水化机制；第十章为主要结论。

对于碱激发钛石膏粉煤灰胶凝材料，氢氧化钠、硅酸钠易使胶凝材料开裂崩解，不宜使用；胶凝材料前 6 天不宜进行湿养和浸水养护。以 10%水泥掺量为碱性激发剂，实验发现，薄膜养护 6 d、13 d、27 d 浸水 1 d，碱激发钛石膏粉煤灰胶凝材料前 7 天强度增长缓慢,14~28 d 强度增长显著,其中膏灰比为 5∶5 时,14 d、28 d 抗压强度值最大,分别为 4.41 MPa、5.29 MPa;薄膜养护 6 d 浸水养护 8 d、22 d,膏灰比为 5∶5 的试件抗压强度最大,软化系数在 0.82 以上,膏灰比不宜超过 5∶5。X 射线衍射仪(XRD)分析和扫描电子显微镜(SEM)分析表明,胶凝体系中水化产物主要为钙矾石(AFt)、水化硅酸钙(C-S-H)、水化硅铝酸钙(C-A-S-H),28 d 水化产物随养护龄期增长,强度提升。

对于碱激发钛石膏矿渣胶凝材料,硅酸钠为激发剂的激发效果整体优于氢氧化钠的;综合凝结时间、抗折强度和抗压强度试验结果表明,碱激发胶凝材料的优选材料组成设计为以硅酸钠为碱激发剂,氧化钠用量为 4%,钛石膏掺量为 20%、30% 和 40%,该材料组成设计范围下碱激发胶凝材料的强度相差不大且均能满足 32.5 水泥的强度要求,其强度优于碱激发矿渣胶凝材料的。不同龄期下碱激发钛石膏–矿渣胶凝材料的水化产物基本相同。不同龄期试件的 XRD 图谱检测到了 C-S-H 凝胶和 AFt 晶体的峰;SEM 电镜图中也出现了 C-S-H 凝胶和 AFt 晶体;不同龄期试件的热重分析图中,在 0~100 ℃ 出现 C-S-H 凝胶和 AFt 晶体的失重峰。

对于碱激发钛石膏粉煤灰胶凝材料稳定土,5%、10% 胶凝材料用于改良黏质土,其 CBR 值比黏质土分别提高 40.6%、62.5%;20%~30% 胶凝材料用于稳定黏质土,7 d 抗压强度大于 0.5 MPa;4 种养护方式中,薄膜养护最优,浸水养护和湿养效果相对差。稳定黏质土、稳定砂类土、稳定粉质土的 7 d 抗压强度均大于 0.5 MPa,其中稳定砂类土的抗压强度最高;稳定黏质土 90 d 劈裂强度与 90 d 弯拉强度最大,稳定砂类土 90 d 单轴压缩弹性模量最大,而稳定粉质土的弯拉强度和弹性模量均为最低;稳定粉质土经 5 次冻融循环后 BDR 为 68%,稳定黏质土、稳定砂类土分别冻融 1 次、3 次后试件损坏;稳定黏质土经冲刷后的质量损失率最小,稳定粉质土质量损失率最大;3 类稳定土前 7 天内失水显著,干缩系数增长快;在 90 d 内,稳定粉质土的累计干缩系数最高,稳定黏质土的累计收缩系数最低;在 −20~40 ℃,3 类稳定土温缩系数随温度降低而下降,其中稳定黏质土受温度影响最大,稳定砂类土受温度影响最小。SEM 分析和 XRD 分析表明,3 类稳定土的水化产物为 AFt、C-S-H、C-A-S-H 等,7 d 有 AFt 生成,28 d 有针状 AFt 生成,90 d 时产生大量 AFt 和 C-S-H 凝胶,二者相互作用,使结构密实,强度提升;孔径分析表明,3 类稳定土的孔径峰值随龄期增长逐渐向低孔径移动,其中稳定黏质土的密实性最好,稳定粉质土的最差。

对于碱激发钛石膏矿渣胶凝材料稳定土,当碱激发钛石膏矿渣胶凝材料掺量为 10%,碱激发钛石膏矿渣胶凝材料稳定土可达到道路底基层抗压强度要求;在两种养护方式中，推荐薄膜养护方式；薄膜养护 6 d 浸水 1 d、8 d、22 d 后，相同龄期水稳系数随胶凝材料掺量的增加先增大后减小，相同掺量水稳系数随浸泡时间的增大而持续减小，当胶凝材料掺量为 10% 时，水稳系数均不小于 0.81；10% 掺量的碱激发钛石膏矿渣胶凝材料稳定土的 7 d、28 d、90 d 无侧限抗压强度分别为 4.37 MPa、10.92 MPa、11.97 MPa；7 d、28 d、90 d 劈裂强度分别为 0.64 MPa、0.78 MPa、1.01 MPa；经过 5 次冻融循环后，试件仍保持很好的完整性，质量损失为 4.2%，残留抗压强度比为 79%；在 90 d 稳定粉土干缩试验中，1~15 d 干缩系数增长较快，15~29 d 干缩系数增长变缓，29 d 后干缩系数趋于稳定。在稳定粉土温缩试验中，−20~10 ℃时，稳定粉土试件的温缩系数变化平缓；10~30 ℃时，温缩系数略有降低；30~40 ℃时，温缩系数急剧降低。在 NaCl 单盐侵蚀试验中，浸泡 8 d 的稳定粉土随着盐溶液浓度的增高耐盐腐蚀系数持续下降，浸泡 22 d 的稳定粉土随着盐溶液浓度的增高耐盐腐蚀系数先增大后减小；在 Na_2SO_4 单盐侵蚀试验中，浸泡 8 d、22 d 的稳定粉土随着盐溶液浓度的增高耐盐腐蚀系数均持续下降；在复合盐侵蚀试验中，浸泡 8 d、22 d 的稳定粉土随着盐溶液浓度的增高耐盐腐蚀系数先增大再减小；除 10 倍的 Na_2SO_4 单盐侵蚀和 10 倍的复合盐侵蚀外，其余各组稳定粉土经盐溶液浸泡后，耐腐蚀系数均不小于 0.77。

对于碱激发钛石膏矿渣胶凝材料稳定碎石（ASM），混合料 7 d 和 28 d 的无侧限抗压强度和劈裂强度均随钛石膏掺量的增加呈先增大后减小的趋势，强度峰值出现在钛石膏掺量为 30% 时，强度随胶石比的增大而增大。7 d 和 28 d 水稳定性系数随钛石膏掺量的增加而逐渐变小，且在钛石膏掺量为 20% 和 30% 时，随胶石比增加逐渐变小；在钛石膏掺量为 40% 时，随胶石比增加而逐渐增大。7 d 和 28 d 干缩系数随胶石比增加而逐渐增大，随钛石膏掺量增加而逐渐变小。综合抗压强度、劈裂强度、水稳定性和干缩性能试验结果，确定 ASM 的适宜配合比为钛石膏掺量为 30%，胶石比为 5∶95；水泥稳定碎石（CSM）和 ASM 的抗压强度和劈裂强度均随养护龄期增加而不断增加，且在各龄期 ASM 的抗压强度和劈裂强度均比 CSM 的高；ASM 的 7 d、28 d、90 d 水稳定性系数分别为 1.12、1.07、1.04，CSM 的分别为 0.85、0.92、0.97。ASM 的 28 d、90 d 冲刷质量损失分别为 0.98‰、0.557‰，CSM 的分别为 2.53‰、1.152‰；ASM 在各龄期的干缩系数明显低于 CSM 的，ASM 的 7 d 干缩系数相较于 CSM 下降了 38.44%，31 d 干缩系数下降了 35.84%，90 d 干缩系数下降了 33.83%。28 d 龄期的 ASM 经历 3 d、7 d 和 14 d 碳化作用后的残余强度比 CSM 分别低 11.37%、19.27% 和 23.69%，90 d 龄期的分别低 7.49%、13.06% 和 15.55%。28 d 龄期 ASM 经历 5 次、10 次和 15 次冻融循环后的残余强度比 CSM 分别高 6.95%、12.16% 和 12.01%，90 d 龄期的分别高

4.94%、8.99%和10.09%；ASM 的疲劳方程截距大于 CSM 的，且 ASM 混合料的疲劳方程位于 CSM 混合料之上，ASM 在各应力水平下的对数疲劳寿命大于 CSM 的。冻融后 ASM 疲劳性能试验结果表明：随着冻融循环作用次数的增加，ASM 的剩余疲劳寿命百分率逐渐下降，且下降趋势逐渐变缓，随着应力水平的增加，ASM 的剩余疲劳寿命百分率也随之逐渐下降；ASM 在无侧限抗压强度、劈裂强度、水稳定性能、抗冲刷性能、干缩性能、抗冻性能、疲劳性能均优于 CSM，但在抗碳化性能上表现较 CSM 差。

　　在此必须指出的是，由于钛石膏基复合胶凝相关知识的研究还不是很完整，仍处于发展阶段，在理论上仍有不完善之处，且本书所引用的一些数据是不同研究人员在不同条件下取得的，读者要通过自己的分析来借鉴本书的理论观点，要根据实际情况合理运用本书提到的原理方法，并在实践中进行检验和完善。感谢于斌、林雪峰、李超宇、刘衡、李沛青、李一林、李帅君、韩耀熙对本书撰写提供的支持和帮助，感谢山东省自然科学基金"环境与交变荷载作用下 AAM 稳定碎石疲劳劣化机制研究（ZR2022ME133）"提供的资助，特别感谢科学技术文献出版社的大力支持和帮助。

目　录

第一章　绪　论

1.1　钛石膏基复合胶凝材料

以适量配比的钛石膏、矿渣、粉煤灰等其他固废和碱性激发剂为主要原材料，加入适量水后形成的能将砂、石等材料胶结在一起的胶凝材料被称为钛石膏基复合胶凝材料。本书主要介绍以钛石膏、粉煤灰、碱激发剂制备的碱激发钛石膏-粉煤灰胶凝材料，以及以钛石膏、矿渣、碱激发剂制备的碱激发钛石膏-矿渣胶凝材料。

钛石膏是采用硫酸法生产 TiO_2 时，加入石灰（或电石渣）中和大量酸性废水而生成的以 $CaSO_4$ 为主成分的工业废料，主要化学成分是 $CaSO_4 \cdot 2H_2O$[1]。

矿渣是高炉冶炼生铁时，以熔融物状态流出的铁渣经淬冷成粒后排放出的工业废渣[2]。

粉煤灰是工厂烧煤或利用煤矸石等资源后，从烟道气体中收集的细灰，是火力电厂中主要的废弃物之一[3]。

碱性激发剂是指含有碱性元素的硅酸盐、铝酸盐、碳酸盐等之类的物质，如硅酸盐水泥、硅酸钠、氢氧化钠等。

1.2　研究背景

近年，我国工业快速发展，工业固废的排放量也日益增长。2020 年，我国工业固废排放量约 36.75 亿 t，综合利用量约 20.38 亿 t；历史累计堆存量已超 600 亿 t，占地约 200 万 hm^2，不仅占用土地、浪费资源，而且已经严重危害到生态环境安全和人民健康[4-6]。

我国堆放的工业固废主要有以下 3 种：碱性固废（赤泥和电石渣等）、硫酸盐类固废（工业副产石膏和电解锰渣等）及硅铝质固废（粉煤灰和冶金渣等）。现有研究表明，碱性固废碱性高、硅铝质含量低及活性低[7-8]；硫酸盐类固废硫酸盐含量高、有害离子需稳定固化；硅铝质固废由于硅铝物质活性低、有害离子需稳定固化。以上各种因素导致 3 种工业固废的利用率较低，因此，唯有利用碱和硫酸盐、提高硅铝物质活性及固化有害离子，才能实现以上固废在水泥基材料中资源化高效利用。

钛白粉（核心成分 TiO_2）因其优越的性能被称为"颜料之王"，不仅在白色颜料行业占据龙头，而且在无机化工原料——涂料、化纤、造纸、化妆品、塑料等行业普遍应用。由于其广泛应用在各行业，所占比重在涂料行业位居第一[9]。根据晶型的结构进行分类，钛白粉有两种：锐钛型（A 型）和金红石型（R 型）。目前，全世界对两种结构的晶型消费占比情况：A 型占 20%，R 型占 80%。究其原因是 R 型结构的钛白粉化学性质稳定、着色能力强、白度高、耐候性好、不易粉化，而 A 型与 R 型相比不耐候、易粉化，因此造成消费市场的差异[10]。2015—2020 年中国钛白粉年产量统计如图 1.1 所示，可以看出钛白粉产量连年增加，行业发展前景较好[11-12]。

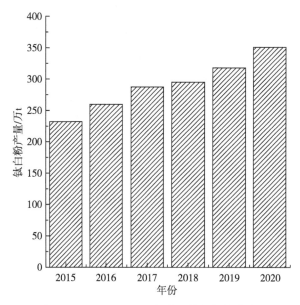

图 1.1　2015—2020 年中国钛白粉年产量

国内外用硫酸法和氯化法两种工艺制造钛白粉[13]。国内以硫酸法工艺为主，该工艺研究较早、技术成熟、设备要求简单，对原材料品质要求低，可以产出 A 型与 R 型两种晶体结构的钛白粉；其缺点是工艺流程复杂、耗时长、废弃物排放大。相较硫酸法工艺而言，氯化法工艺的生产流程短、过程连续、生产质量高、废弃物少，但仅能生产 R 型晶体结构的钛白粉。综合而言，氯化法的优势远大于硫酸法的。氯化法生产工艺一直以来被欧美国家所垄断，目前国内 90% 以上的企业仍采用硫酸法生产。在硫酸法生产钛白粉过程中需要加入大量硫酸，同时在生产出产品时，伴随着大量的废酸，其主要化学反应如式（1-1）至式（1-4）[14]：

$$FeTiO_3+2H_2SO_4 \rightarrow TiOSO_4+2H_2O+FeSO_4, \tag{1-1}$$

$$TiOSO_4+nH_2O \rightarrow TiO_2 \cdot (n-1)H_2O+H_2SO_4(强酸性环境下反应), \tag{1-2}$$

$$Ca(OH)_2+H_2SO_4 \rightarrow CaSO_4 \cdot 2H_2O, \tag{1-3}$$

$$FeSO_4+Ca(OH)_2 \rightarrow Fe(OH)_2 \downarrow +CaSO_4 。 \tag{1-4}$$

由式（1-1）至式（1-4）可以看出，在生产流程中需要加入大量硫酸，同时在产品产出阶段伴随着大量的废酸，通过加入以 $Ca(OH)_2$ 为主要成分的物质，如电石渣，最后产生 $CaSO_4 \cdot 2H_2O$，再通过烘干处理，就会产生工业固废钛石膏。在生产过程中，每生产 1 t 钛白粉，相应产生 6~10 t 钛石膏[15-16]。目前全国各地钛石膏存在成分差异大、利用率低和产生量大等问题，常以新建堆场放置，现存堆积量达到 1 亿 t 以上[17]。

近年，国家从环保方面发布了一系列政策，工业固废问题要从源头上进行减量化、资源化及无害化，从而更好实现"大宗工业固废贮存处置总量趋零增长"和"非法转移倾倒固体废物事件零发生"的目标任务。这对于生产钛白粉的企业来说，其正面临着前所未有的经济和环保压力。

自党的十八大以来，国家出台了一系列有关固废综合利用的政策。《国务院办公厅关于印发"无废城市"建设试点工作方案的通知》（国办发〔2018〕128 号），旨在最终实现整个城市固体废物产生量最小、资源化利用充分、处置安全的目标，这就需要长期探索与实践，支持培育一批固体废物资源化利用骨干企业。国务院发布的《关于加快建立健全绿色低碳循环发展经济体系的指导意见》（国发〔2021〕4 号）指出，要建设资源综合利用基地，促进工业固体废物综合利用，健全绿色低碳循环发展的生产体系；加大工程建设中废弃资源综合利用力度，推动固废的资源化利用。国家发展改革委等十部门联合发布《关于"十四五"大宗固体废弃物综合利用的指导意见》（发改环资〔2021〕381 号）指出，要推动提升钛石膏、赤泥等复杂难用的大宗固废物净化处理水平，为综合利用创造条件，实现固废的资源化利用。《京津冀及周边地区工业资源综合利用产业协同转型提升计划（2020—2022 年）》（工信部节〔2020〕105 号）指出，开展以钛石膏、赤泥等固废制备生态水泥等应用，有效解决大宗固废利用难题；在山东等地的冶金和煤电产业集中区，建设 10 个以上协同利用冶金和煤电固废制备全固废胶凝材料和路基材料等材料的生产基地，实现年消纳工业固废 3 亿 t。从这些规定和举措不难看出，固体废弃物的综合利用正被提升至前所未有的新高度。山东省生态环境厅等九部门发布的《关于支持发展环保产业的若干措施》（鲁环发〔2020〕51号）指出，要加快钛石膏、赤泥和黄金冶炼尾渣利用。2021年1月，淄博市人民政府印发了《关于加快推进淄博市工业资源综合利用基地建设的实施意见（2021—2025年）》，提出淄博市将围绕工业固废资源综合利用、资源再生利用等重点方向，培育和引进骨干龙头企业，引领、带动综合利用产业发展；以现有相关工业固废综合利用研发单位为主体，以钛石膏、赤泥综合利用为技术攻关重点，采取合作、引进等方式建设一批领先的综合利用研发机构和技术研发中心；依托系统性、成规模、成熟的工业固废综合利用技术形成新的输出能力，力争建成全国性综合利用技术转让平台；努力推动综合利用产业协同化、高值化、专业化、集群化发展，形成钛石膏和其他工业废渣等四大综合利用板块，形成新的经济增长点。

1.3 研究现状

1.3.1 钛石膏研究现状

在我国工业废石膏类型众多，主要有烟气脱硫产生的脱硫石膏、磷化工生产所排放的磷石膏、生产氟化氢产生的氟石膏，以及生产钛白粉排出的钛石膏。钛石膏主要成分为 $CaSO_4 \cdot 2H_2O$，含量占 60%~80%，与天然石膏相比，出厂时含水量高、黏度大、杂质多、粒度细、难脱水等[10]，但钛石膏年排放量远远低于磷石膏、脱硫石膏等这一事实未受到重视[14]。目前，国内外对钛石膏的综合利用研究尚处于探索阶段，国内外的研究主要集中在制备水泥缓凝剂、土壤改良剂、石膏建材和胶凝材料等方面。

（1）水泥缓凝剂

国内外学者对钛石膏用于制备水泥缓凝剂方面的研究较多。西南科技大学的肖世玉等[18]利用钛石膏单掺、钛石膏与天然石膏复掺进行钛石膏作为缓凝剂的试验，结果表明：单独掺入钛石膏后，对于水泥的标准稠度用水量会变大、凝结时间变短，并且强度可以达到天然石膏强度水平；复掺时，标准稠度用水量会随着钛石膏的掺量增加而增加，试件凝结的时间呈现先增加后减少，当钛石膏的掺量达到2.5%时，试件的凝结时间最长，而在1.25%~3.75%这个掺量范围，28 d龄期的试件强度比对比组效果好，强度变化呈现先增加后减小。综合来看，钛石膏的掺加可以使得水泥的安定性、标准稠度用水量、凝结时间和强度满足规范的要求。彭志辉等[19]对钛石膏的化学组成进行分析，以及将钛石膏作为缓凝剂与天然石膏的缓凝效果进行对比，结果表明：钛石膏的掺入有效改善水泥的初终凝时间，当掺量在 4%～5% 时，钛石膏作为缓凝剂对水泥性能没有太大变化，可以替代天然石膏。张宾等[20] 将钛石膏改良前后作缓凝剂的影响进行研究，结果表明：改良后，其杂质 $Fe(OH)_3$ 明显降低，当降低至 2.5% 以下时，对于水泥各指标的影响有限，可以用作缓凝剂。许佳[21] 采用 1%～5% 的钛石膏与磷石膏代替天然石膏制备水泥缓凝剂，发现二者可缩短水泥凝结时间，提高水泥早期强度。黄伟等[22] 对钛石膏取代天然石膏作水泥缓凝剂的可行性进行了研究，研究结果表明：当钛石膏掺量为 5% 时，可以明显延长水泥的凝结时间，抗压强度和安定性也均能满足要求，因此，用钛石膏取代天然石膏用作水泥缓凝剂具有可行性。Chea Chandara 等[23] 用废石膏代替天然石膏作硅酸盐水泥中的缓凝剂，发现适当控制废石膏可有效影响初终凝时间。M. J. Gazquez 等[24] 分别以掺量 2.5%、5%、10% 钛石膏替代天然石膏制备水泥缓凝剂，发现钛石膏能延长凝结时间，掺入 10% 钛石膏的抗压强度同 52.5 水泥。

（2）土壤改良剂

在土壤改良剂方面国内外学者也有部分研究，黄佳乐等[25] 在实验室将钛石膏对土壤镉污染的抑制进行了试验，同时其还对钛石膏的重金属含量及浸取毒性进行试验，结果表明：钛石膏能够对镉进行吸附包裹，可有效实现土壤的改良效果，浸出液中的成分不存在对土壤和地下水产生危害的风险。王晓琪等[26] 对钛石膏进行成分分析，研究了钛石膏、钛石膏淋液及不同钛石膏与土壤的比例对油菜的生长、产量和功能的影响，结果表明：将钛石膏按照土壤体积的 25% 添加效果最好，在实际应用中调整 300 t 钛石膏每公顷达到最佳的增产效果。Zhai Weiwei 等[27] 配置了两种不同比例的钛石膏应用于污染的土壤中，进行水稻生长试验，结果表明：钛石膏的加入可以对 Cd、Pb、As 等重金属实现吸附与固定，降低了土壤的 pH 值，改善了水稻的生长状况。Rodríguez-Jordá 等[28] 利用钛石膏对酸性土壤中含有的砷和硒进行了诱导还原研究，结果证明钛石膏改性效果明显。Rodríguez-Jordá 等[29] 评估了红石膏（RG）的潜在用途，进行了改良酸性土壤中降低 Pb、Zn、Ni 的流动性和迁移性的试验及重金属浸出试验，结果表明：绝大多数的处理措施都能使金属的浸出性降低，仅有小部分的处理措施对所有金属有效。

（3）石膏建材

部分学者对钛石膏制备石膏建筑材料进行了研究。瞿德业等[30] 将钛石膏在 150 ℃、170 ℃、180 ℃ 煅烧制备轻质墙体材料，发现煅烧温度越高钛石膏强度越大，其中煅烧温度为 170 ℃ 时最佳，再将 8%～12% 水泥、1% 石灰、0.4%～0.5% 木质素磺酸钙加入该材料内发现能缩短材料凝结时间,提高早期强度。郝建璋[31] 将钛石膏在 140~240 ℃ 煅烧 2 h,以结合脱硫灰等工业废渣研制轻质墙体砌块,发现钛石膏 200 ℃ 时煅烧最佳,70% 钛石膏、30% 脱硫灰制备砌块强度性能最优。隋肃等[32] 将钛石膏在 180 ℃ 煅烧 3 h,并掺入 3% 生石灰、0.5% 硫酸钠、5% 硅酸盐水泥制备建筑石膏,发现该石膏强度可满足建筑石膏国家标准。

(4)胶凝材料

山东大学的 Li Zhaofeng 等[33] 研究了石膏对赤泥基灌浆材料力学性能的影响,结果表明:掺入石膏后,灌浆材料的凝结时间变短,使砂浆的强度得到提高,微观试验显示主要是因为 C-S-H、C-Al-H 等凝胶提供的高性能,这几种材料的添加大大降低了灌浆材料的成本,还保护了环境。白明等[34] 将钛石膏进行煅烧处理后制备石膏-水泥-矿渣石膏基复合胶凝材料,结果表明:煅烧钛石膏的掺量达到 12% 时,石膏基复合胶凝材料 7 d 龄期抗压强度达到 12 MPa,同龄期抗折强度达到 3.7 MPa,抗压强度高于对照组。施惠生等[35] 按照 w(钛石膏):w(粉煤灰)= 40%:60%,商品水泥和石灰作激发剂,结果显示:经过煅烧之后的钛石膏的活性明显高于未经煅烧的钛石膏,并且有效改善了胶凝材料的凝结时间,同时使试件的抗压强度得到了一定的提高,煅烧钛石膏是一种提升胶凝材料性能的有效措施。施惠生等[36] 以 w(钛石膏):w(粉煤灰):w(水泥):w(石灰)= 40%:60%:1.5%:3.5% 为基础配比展开胶凝材料物理力学性能、耐久性试验,结果表明:碱激发钛石膏粉煤灰复合材料加入激发剂有效提高材料自身强度,并且对于粉煤灰采取高钙和低钙复掺形式,材料具有较好的强度、收缩率、耐久性。施惠生等[37] 用钛石膏、粉煤灰、矿渣、水泥、激发剂混合制备胶凝材料,结果表明:适当的激发剂和工艺,可以制备高达 52.5 强度等级的高性能胶凝材料。

Zhang Jiufu 等[38] 用钛渣(TRs)、钛石膏(RG)、硅酸盐(OPC)水泥及石灰混合制备新型胶凝材料,结果表明:RG 与 TRs 混合可以制备高强度黏结剂,即使胶凝材料中废物含量达到 80%,28 d 的抗压强度与软化系数也能达到《通用硅酸盐水泥》(GB 175—2007)的要求。同时,Zhang Jiufu 等[39] 也将钛石膏、钛渣这种新型胶凝材料用于泡沫混凝土中,并进行力学试验与微观试验,结果表明:其最佳参数为 w(OPC):w(TRs):w(RG)= 10%:45%:45%,生石灰 2%,SAC 4%,Na_2SO_4 0.4%,减水剂 0.2%,泡沫 4.6%,W/B(水胶比,即水与胶凝材料质量比)为 0.60,最大抗压强度达到 2.14 MPa,同时生石灰和 SAC 能够有效缩短材料的凝结时间,而机械活化的 TRs 不能有效缩短凝结时间,微观结构显示其强度来源于内部生成的絮状花瓣状水化凝胶，以及钙矾石和板状石膏。

黎良元等[40] 使用激发剂激发石膏-矿渣胶凝材料，w(石膏)：w(矿渣)＝85%：15%，结果表明：激发剂为 0.5% 时，样品的干、湿抗压强度分别达到 12.76 MPa、9.87 MPa，软化系数达到 0.77，效果较好，微观分析显示，石膏矿渣体系的水化产物主要为 $CaSO_4 \cdot 2H_2O$、水化 C-S-H 凝胶、AFt 及 $Ca_5(SiO_4)_2(OH)_2$，并且由于 C-S-H 凝胶的含量较高导致结构空隙较少、密实度高、强度和耐水性能优异。同济大学的赵玉静等[41] 研究将钛石膏与单一粉煤灰复合及粉煤灰复掺，结果表明：在考虑经济因素，水泥与石灰总量不超过 5% 的情况下，复掺比单掺既能增加强度，也能减少膨胀率，4 种配比各自满足不同等级道路基层及底基层要求，且 28 d 后膨胀率趋于稳定。

黄绪泉等[42] 研究钛石膏、熟料、激发剂制备钛石膏改性胶凝材料，结果表明：当 w(NaOH)：w(熟料)：w(钛石膏)：w(矿渣)＝1%：20%：40%：40% 时，其 3 d、7 d 和 28 d 净浆抗压强度分别为 14.5 MPa、25.3 MPa 和 32.1 MPa，微观试验显示，3 d 龄期试件生成大量 AFt，并且其生成量随着龄期的增长而增多，在胶凝材料内部交叉相织，实现早期强度的生成。张圣涛等[43] 将钛石膏与粉煤灰制成抗收缩剂加入碎石中，结果表明：随着抗收缩剂的加入，其膨胀作用效果变得明显，能够有效抑制水泥稳定碎石的干缩变形，并且当 m(钛石膏)：m(粉煤灰)＝1：1.5 时，干缩效果达到最佳，但是其掺量对水稳碎石的强度也产生了影响，在实际情况下，选择合适掺量仍可保证其水稳碎石强度满足规范要求。

Magallanes-Rivera R. X[44] 和 Aranda Berenger 等[45] 也将钛石膏进行改性制备胶凝材料，结果表明：采用多种方式如粉磨、陈化、高低温煅烧，可以有效增加钛石膏的活性，将二水石膏转变为半水石膏，提高了活性，可以和矿渣微粉、粉煤灰、水泥、石灰混合制备胶凝材料。Nor Azalina Rosli 等[46] 将污泥（SS）和红色石膏（RG）结合制备掩埋垃圾的填料，结果表明：SS 与 RG 的比例各占 50% 时，混合物达到最优的强度 0.524 MPa，此时混合物中的钙硅比 2.5：1，适合 C-S-H 凝胶的形成，SS 与 RG 在比例各占 50% 混合，可作为临时的垃圾掩埋材料。Markssuel T. Marvila 等[47] 将废石加入石膏抹灰中研究其性能，结果表明：使用废料代替其中的 1/4 的沙子时，制备的材料抗拉强度从 0.91 MPa 增至 1.33 MPa，抗压强度从 1.89 MPa 提升至 3.18 MPa，实现了一定的性能提高。

N. Hughes 等[48] 将钛石膏用于土壤的固化改良，研究发现掺入钛石膏的土壤可获得较高的强度，同时其钛石膏胶凝材料的最高强度达到 32.5 水泥的强度。Simon Peacock 等[49-51] 也将钛石膏应用于土壤性能改良，取得了较好的效果。Mridul Garg 等[52]

采用水洗、离心等方法对废石膏进行除杂，煅烧形成半水石膏，然后用于制造建材材料，结果表明：这种建筑材料具有低吸水率，28 d 抗压强度可达到 19.6 MPa。

1.3.2 碱激发胶凝材料研究现状

碱激发胶凝材料是通过碱性物质激发无定型或玻璃态的硅铝酸盐物质，从而获得绿色胶凝材料，与传统硅酸盐水泥相比，碱激发胶凝材料具有能耗低、强度高、二氧化碳排放量低等优点，但也有凝结时间过快等缺点[53-54]。国内外众多学者已对碱激发胶凝材料众多性能和应用有了较多的研究，目前对于碱激发胶凝材料性能的研究主要集中在力学性能、碳化性能、抗冻性能、抗侵蚀性能、凝结时间等方面，应用研究主要集中在碱激发混凝土、碱激发稳定土等。

（1）碱激发胶凝材料力学性能

Nguyen 等[55] 研究了 Ca（OH）$_2$、NaOH、Na$_2$SiO$_3$ 3 种不同碱激发剂对碱激发矿渣胶凝材料力学性能的影响，研究结果表明：NaOH 为激发剂的材料 28 d 抗压强度最大，分别比以 Ca(OH)$_2$ 和 Na$_2$SiO$_3$ 为激发剂的提高了 14.0% 和 43.3%。Chen 等[56] 的研究表明：如碱激发剂浓度和模数对碱激发矿渣胶凝材料抗压强度有影响，当碱含量为 3%、模数为 1.5 时，碱激发矿渣胶凝材料的抗压强度最大。Zhan 等[57] 研究了不同氧化钠用量对碱激发偏高岭土-矿渣胶凝材料力学性能的影响，研究结果表明：当氧化钠用量从 8% 增加到 12% 时，碱激发胶凝材料的 28 d 抗压强度提升了 28.37%。马倩敏等[58] 研究了不同激发剂浓度和模量对碱激发矿渣胶凝材料力学性能的影响，结果表明：在相同碱浓度下，材料抗压强度在模数为 1.5 时达到最大；在低模数条件下，抗压强度在碱浓度为 4% 时达到最大；在高模数条件下，在碱浓度为 6% 时达到最大。

Celikten S 等[59] 的研究表明：适量粉煤灰的掺入对碱激发矿渣-粉煤灰体系的力学性能有所改善，且力学性能还受碱激发剂的影响。Rovnanik P 等[60] 研究了石墨粉的添加对碱激发矿渣砂浆导电性和力学性能的影响，研究结果表明：加入矿渣质量 10% 的石墨粉对碱激发矿渣砂浆的导电性有所提升，对力学性能基本没影响，但石墨粉掺量过高会对力学性能产生不利影响，且对导电性的提升不大。Zhu 等[61] 研究了粉煤灰掺量对碱激发矿渣-粉煤灰胶凝材料力学性能的影响，研究结果表明：随着粉煤灰掺量的增加，碱激发胶凝材料的抗压强度随之下降，但当粉煤灰掺量小于 50%，强度下降不大，超过 50% 时，强度下降明显。Wang 等[62] 研究了不同石膏、苏打污泥和矿渣材料组成下碱激发胶凝材料的力学性能，研究结果表明：由 37.60% 矿渣、56.40% 苏打污泥和 6% 石膏组成的碱激发材料的力学性能最佳。

（2）碱激发胶凝材料碳化性能

Samarakoon 等[63] 研究了在饱和 CO_2 和超临界 CO_2 下 3 种灰渣比的碱激发粉煤灰-矿渣基水泥的碳化性能变化，研究结果表明：随着矿渣含量和 CO_2 浓度的增加，碱激发胶凝材料中的非晶相碳酸盐减少，结晶碳酸盐增加。Bakharev 等[64] 研究了处于高浓度二氧化碳和浸泡于碳酸氢钠溶液中两种环境下碱激发胶凝材料的碳化性能，研究结果表明：两种环境下的碱激发胶凝材料的碳化性能均比水泥的差。Huang 等[65] 研究了加速碳化后碱激发胶凝材料的碳化性能，研究结果表明：在相同碳化时间下碱激发胶凝材料的碳化深度比水泥的大。

Qu 等[66] 研究了利用超疏水矿渣（s-矿渣）增强碱激发矿渣胶凝材料抗碳化能力的可行性，研究结果表明：添加 20% s-矿渣后，碱激发矿渣胶凝材料的碳化深度比参考值降低了 70%。Nedeljkovic 等[67] 研究了不同矿渣掺量对碱激发粉煤灰-矿渣胶凝材料碳化性能的影响，研究结果表明：随着矿渣掺量的增加，碱激发胶凝材料的碳化性能有所改善。冯智广[68] 的研究表明：利用矿渣、钛石膏、水泥制备的胶凝材料的碳化性能要比 42.5 水泥的差，在碳化 28 d 后，胶凝材料的抗压强度较碳化前下降 43.7%。

McCaslin 等[69] 研究了激发剂浓度（相对于矿渣掺量的 4% 和 7%）、激发剂种类（氢氧化物和硅酸纳）、矿渣的 MgO 含量（7% 和 13%）及碳化前的养护时间对粉末样品抗碳化性能的影响。Zhang 等[70] 研究了 Na_2O 浓度对碱激发矿渣粉煤灰水泥碳化的影响，研究结果表明：在水胶比为 0.5 的碱激发矿渣粉煤灰水泥中，当 Na_2O 含量从 4% 增加到 8% 时，碳化后碳酸钙的数量增加；在矿渣含量为 20% 的碱激发矿渣粉煤灰水泥中，增加 Na_2O 含量会降低碳化程度。Shi 等[71] 研究了碱激发矿渣砂浆在不同碱用量和硅酸盐模量的氢氧化钠和水玻璃作用下的碳化反应，研究结果表明：碱激发矿渣砂浆的抗碳化性能不仅随着碱用量的增加而增加，而且随着硅酸盐模量的增加而增加。

（3）碱激发矿渣胶凝材料抗冻性能

Alaa 等[72] 研究了在冻融和硫酸盐侵蚀环境下废橡胶颗粒的掺入对碱激发矿渣砂浆性能的影响，研究结果表明：尽管加入废橡胶颗粒对碱激发矿渣砂浆的抗压强度有负面影响，但其颗粒对缓解冻融循环和严重硫酸盐侵蚀造成的性能劣化有积极影响。Cyr 等[73] 采用矿渣、粉煤灰和偏高岭土制备了碱激发胶凝材料并对其抗冻性能进行了测试，且与普通硅酸盐水泥进行对比，研究结果表明：碱激发胶凝材料的抗冻性能优于普通硅酸盐水泥。Zhao 等[74] 研究了不同矿渣掺量对碱激发胶凝材料抗冻性能的影响，研究结果表明：碱激发胶凝材料中矿渣含量越多，冻融后的强度损失越少。林雪峰[75] 对钛石膏-矿渣-赤泥基胶凝材料稳定碎石的抗冻性能进行了研究，研究结果表明：28 d 龄期最佳配比下的钛石膏-矿渣-赤泥基胶凝材料稳定碎石的抗冻性能优于水泥稳定碎石的。

（4）碱激发矿渣胶凝材料抗侵蚀性能

Runci 等[76] 利用粉煤灰、矿渣、硅粉、铁硅粉制备了碱激发胶凝材料并与水泥对比了抗氯离子渗透性，结果表明：矿渣和铁硅粉制备的碱激发胶凝材料比水泥的抗氯离子渗透性更优，碱激发矿渣和碱激发粉煤灰表现出和水泥相当的抗氯离子渗透性。Zhang 等[77] 研究了碱激发矿渣-粉煤灰材料抗硫酸盐侵蚀的能力，研究结果表明：在 Na_2SO_4 的侵蚀下，碱激发胶凝材料的凝胶结构基本没有变化，$MgSO_4$ 对碱激发胶凝材料的侵蚀严重。Bakharev 等[78] 对比了碱矿渣混凝土和水泥混凝土在相同水胶比下浸泡于 5%硫酸钠中 12 个月后的抗压强度，研究结果表明：浸泡完后碱矿渣混凝土抗压强度下降了 13%，而水泥混凝土抗压强度则下降了 25%。Allahvedi 等[79] 的研究表明：暴露于 5%的硫酸镁溶液 360 d 后，碱激发矿渣胶凝材料的抗压强度损失低于硅酸盐水泥的。

（5）凝结时间

Abdollahnejad 等[80] 研究了粉煤灰的掺入对碱激发矿渣胶凝材料凝结时间的影响，研究结果表明：随着粉煤灰掺量的增加，材料的凝结时间随之延缓。Nedunuri 等[81] 的研究表明：碱激发矿渣-粉煤灰材料中的粉煤灰占比及激发剂浓度和模量对材料的凝结时间有显著影响。Fu 等[82] 研究了偏高岭土的加入及激发剂浓度对碱激发矿渣胶凝材料凝结时间的影响，研究结果表明：随着偏高岭土掺量的增加，碱激发矿渣胶凝材料的凝结时间随之延长，但随碱激发剂浓度的增大凝结时间变短。程臻赟等[83] 研究了氢氧化钾和水玻璃作为激发剂的碱激发矿渣胶凝材料的凝结时间，研究结果表明：随碱激发剂浓度的增大，碱激发矿渣胶凝材料的凝结时间变短，随模数的增大，材料的凝结时间变长。谢建和等[84] 对各类缓凝剂对碱激发胶凝材料凝结时间的影响进行了综述，结果表明：钡盐、锌盐、硼砂等缓凝效果优良。樊晓丹等[85] 研究了单掺及复掺缓凝剂对碱激发矿渣灌浆料凝结时间的影响，研究结果表明：单掺氯化钡的缓凝效果最好，单掺硝酸钡或硝酸锌在高掺量时缓凝效果较好，复掺氯化钡、硝酸锌和葡萄糖酸钠的缓凝效果较好。

（6）碱激发混凝土

Duzy 等[86] 研究了不同矿渣掺量对碱激发矿渣混凝土力学性能的影响，研究结果表明：随着矿渣含量的增加，碱激发矿渣混凝土的力学性能也随之提高。Luo 等[87] 研究了不同硅锰渣取代率下碱激发混凝土的力学性能，研究结果表明：当硅锰渣取代率为 10%时，碱激发混凝土的 56 d 抗压强度达到 80 MPa 以上。Zhang 等[88] 研究了不同碱浓度下碱激发混凝土的力学性能，研究结果表明：随着碱浓度的增加，碱激发混凝土的抗压强度、劈裂抗拉强度、弹性模量等力学性能逐渐增强。王连坤等[89] 研究了不同碱浓度下碱激发混凝土的力学性能，研究结果表明：随着碱浓度的增加，碱激发混凝土的力学性能随之增大。郭志坚等[90] 研究了不同矿渣掺量和 Na_2O 用量下碱激发混凝土的力学性能，研究结果表明：随着矿渣掺量和 Na_2O 用量的增加，碱激发混凝土的力学性能也随之提高。

Aiken 等[91] 研究了不同矿渣掺量和激发剂用量对碱激发混凝土性能的影响，研究结果表明：随着矿渣掺量和激发剂用量的增加，碱激发混凝土的抗氯离子侵蚀、抗冻等性能增加。Talkeri 等[92] 研究了不同矿渣粉煤灰比、硅酸钠、氢氧化钠比和氢氧化钠等碱激发剂浓度下碱矿渣粉煤灰混凝土的性能，研究结果表明：在适宜的矿渣粉煤灰比、碱激发剂用量下，含有炼钢炉渣的碱矿渣粉煤灰混凝土混合物的疲劳寿命优异。Mithun 等[93] 研究了以铜渣为细骨料的碱矿渣混凝土混合料的疲劳特性，研究结果表明：即使将铜渣作为细骨料的掺量高达 100%，也不会对碱矿渣混凝土混合料的力学性能产生任何不利影响，与含天然骨料的碱矿渣混凝土混合料相比，含铜渣的碱矿渣混凝土混合料表现出略好的疲劳性能。蔡渝新等[94] 研究了不同粉煤灰-矿渣比对碱激发粉煤灰-矿渣混凝土抗氯离子侵蚀性能的影响，研究结果表明：当粉煤灰-矿渣比较低时，氯离子在碱激发混凝土中的传输较慢。

（7）碱激发胶凝材料稳定土

Shivaramaiah 等[95] 利用 15%、20%、25% 和 30% 的矿渣、氢氧化钠和硅酸钠等组成的碱激发剂溶液，制备了碱激发胶凝材料并将其应用于稳定土中，研究了碱激发稳定土的工程性质，结果表明：矿渣掺量为 30% 的碱激发稳定土的无侧限抗压强度、弯曲强度和疲劳寿命均有明显改善。Hania 等[96] 研究了不同火山灰-矿渣比下碱激发胶凝材料稳定土的无侧限抗压强度，研究结果表明：当火山灰-矿渣质量分数比为 70%：30% 时，28 d 抗压强度满足要求。Luo 等[97]、Zhou 等[98] 研究了碱激发胶凝材料掺量对碱激发稳定土强度的影响，研究结果表明：适量掺入碱激发胶凝材料的碱激发稳定土的强度优于水泥稳定土的。陈忠清等[99] 研究了不同碱激发胶凝材料组成（硅铝比）下碱激发胶凝材料稳定土的无侧限抗压强度，研究结果表明：当硅铝比在 1.15~1.35 时，碱激发稳定土的 28 d 抗压强度可达到 8.96 MPa。田平等[100] 研究了碱激发粉煤灰稳定铬污染土壤的性能，结果表明：随碱激发粉煤灰掺量的增加，材料的强度也随之提高。

（8）碱激发胶凝材料稳定建筑垃圾

Arulrajah 等[101] 利用碱激发粉煤灰胶凝材料稳定建筑垃圾并对其进行力学性能测

试，碱激发粉煤灰胶凝材料聚合物稳定建筑垃圾的无侧限抗压强度和弹性模量测试结果表明：碱激发粉煤灰胶凝材料用于稳定建筑垃圾具有可行性。Li 等[102] 制备了碱激发粉煤灰稳定再生骨料和红砖材料并对其力学性能进行测试，研究结果表明：当再生骨料及红砖与粉煤灰的质量比为 6 : 4 时，混合料的 28 d 无侧限抗压强度为 37 MPa，满足道路基层和底基层无机结合料稳定材料的强度要求。Mohammadinia 等[103] 利用电石渣、粉煤灰和矿渣制备了碱激发胶凝材料并将其用于稳定建筑垃圾，并对混合料进行了抗压强度、抗压回弹模量、疲劳性能等性能测试。李曙龙等[104] 研究了碱激发粉煤灰稳定再生骨料的性能，研究结果表明：粉煤灰掺量为 25% 时，混合料力学性能与抗冲刷性能最佳，且碱激发粉煤灰稳定再生骨料的后期强度增加速度大于水泥稳定材料的。

1.4 研究目的与意义

在我国钛白粉行业中，采用硫酸法每生产 1 t 钛白粉产出 6~10 t 钛石膏，钛石膏的年排放量已超过 1000 万 t，但钛石膏的综合利用率较低，仅为 10%，其余部分的处理方式仅为渣场堆放形式[12]。现阶段的处理方式不仅占用土地，浪费土地资源，而且钛石膏经雨水冲刷后有害物质会进入土壤，污染地表水及地下水，造成环境破坏，同时钛石膏粉末会随风飘散危害健康[105]，加快钛石膏资源化利用的任务已迫在眉睫。

由于钛石膏的排放量和堆放量巨大，为加快钛石膏的综合利用，对钛石膏研究利用的重点应该集中在以下方面：

①通过各种技术手段，改善以钛石膏为原料生产产品的性能，拓展钛石膏的应用产品，使钛石膏的应用更广泛。

②在保证产品性能的前提下，尽可能提高产品中钛石膏的用量。

③尽量减少以钛石膏为原料生产产品时产生的能耗。

④尽量减少生产时带来的其他成本以及污染。

本课题组旨在以钛石膏为主要原料，通过掺加矿渣、粉煤灰等工业固废，以水泥、氢氧化钠、硅酸钠等为碱性激发剂，制备出一种新型胶凝材料——碱激发钛石膏基胶凝材料，来替代通用硅酸盐水泥，在道路工程中进行使用。钛石膏作为工业固体废弃物，如若实现在道路基层大规模应用，不但能大量减少土地的占用，而且还能够减少生产水泥过程中所产生的 CO_2，缓解企业的经济与环保压力，带来巨大的环境效益和社会效益，对资源的合理化利用及我国化工产业和建材工业的发展具有重要意义。长远来看，碱激发钛石膏基胶凝材料的研究具有一定的理论价值和应用前景。

碱激发钛石膏基胶凝材料制备成功的积极作用和重要意义体现在以下几个方面：

①成功制备出一种新型胶凝材料——碱激发钛石膏基胶凝材料，不仅可以大量消耗钛石膏，减少化工企业生产的钛石膏的堆放量，也能消耗掉部分矿渣、赤泥等工业固废，还可以取代水泥实现其在道路工程中的应用，减轻水泥工业对环境造成的污染。

②胶凝材料的制备工艺简单、能耗少、成本低、二氧化碳排放量少，有利于进行推广和在工程中的应用。

第二章　碱激发钛石膏粉煤灰胶凝材料

2.1　原材料

①钛石膏：取自山东东佳集团某钛石膏堆积场，原材料化学成分如表2.1所示，物相组成如图2.1所示，其含水率检测结果如表2.2所示。

表2.1　原材料化学成分

成分 含量	Na_2O	MgO	Al_2O_3	SiO_2	P_2O_5	SO_3	K_2O	CaO	TiO_2	MnO_2	Fe_2O_3	CO_2
钛石膏	0.157%	1.48%	1.09%	1.57%	0.013%	39%	0.13%	35.4%	0.898%	0.312%	9.01%	10.9%
粉煤灰	0.385%	0.504%	36.6%	48.3%	0.474%	1.21%	1.32%	3.34%	1.7%	0.068%	5.58%	—
水泥	0.412%	3.15%	10.7%	22%	0.134%	3.69%	0.66%	55.2%	0.63%	0.128%	3.06%	—

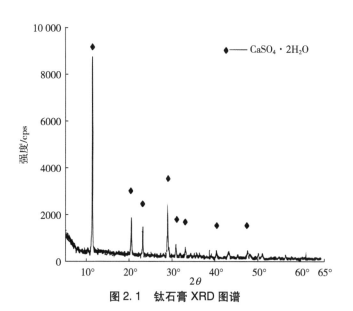

图2.1　钛石膏 XRD 图谱

表2.2 钛石膏含水率检测结果

序号	1#	2#	3#	均值
含水率	25.76%	27.16%	24.39%	25.77%

采用的原材料外观特征如图2.2所示。

（a）钛石膏　　　　　（b）Ⅲ级粉煤灰　　　　　（c）水泥

图2.2 原材料外观特征

②粉煤灰：选用Ⅲ级粉煤灰，购自河北灵寿县傅恒矿产品贸易有限公司，化学成分如表2.1所示。

③水泥：选用普通硅酸盐水泥（P·O，42.5R），产自山铝环境新材料有限公司，化学成分如表2.1所示。

④九水偏硅酸钠：产自天津市鼎盛鑫化工有限公司，AR分析纯，分子式为 $Na_2SiO_3 \cdot 9H_2O$，Na_2O 含量为19.3%~22.8%，Na_2O 与 SiO_2 质量比为1∶1。

⑤氢氧化钠：产自烟台市双双化工，AR分析纯，分子式为NaOH。

2.2 试验方案与方法

2.2.1 试验方案

本试验采用氢氧化钠（NaOH）、九水偏硅酸钠（$Na_2SiO_3 \cdot 9H_2O$）、水泥为碱性激发剂，以钛石膏与粉煤灰质量比（简称"膏灰比"）为3∶7、4∶6、5∶5、6∶4、7∶3的配合比制备胶凝材料，如表2.3所示。本部分以7 d、14 d、28 d无侧限抗压强度为指标，确定合适的碱性激发剂和合理的膏灰比范围。考虑到石膏具有遇水溶解的特点，本试验设置了薄膜养护、湿养护、浸水养护等方式，养护方案如表2.4所示。

表 2.3 碱激发钛石膏与粉煤灰胶凝材料的配合比制备胶凝材料

实验组	膏灰比	碱性激发剂	
		类型	掺量
1		NaOH	0.1%、0.3%、0.5%
2	3:7	水玻璃	2%、4%、6%
3		水泥	4%、7%、10%
4		NaOH	0.1%、0.3%、0.5%
5	4:6	水玻璃	2%、4%、6%
6		水泥	4%、7%、10%
7		NaOH	0.1%、0.3%、0.5%
8	5:5	水玻璃	2%、4%、6%
9		水泥	4%、7%、10%
10		NaOH	0.1%、0.3%、0.5%
11	6:4	水玻璃	2%、4%、6%
12		水泥	4%、7%、10%
13		NaOH	0.1%、0.3%、0.5%
14	7:3	水玻璃	2%、4%、6%
15		水泥	4%、7%、10%

表 2.4 养护方案

试验号	龄期/d	薄膜养护或湿养护/d	浸水养护/d
1	7	6	1
2		7	—
3		6	8
4	14	13	1
5		14	–
6		6	22
7	28	27	1
8		28	—

2.2.2　试验方法

（1）击实试验

依据《公路工程无机结合料稳定材料试验规程》（JTG E51—2009）[106] 中的方法进行击实试验，确定每组试验配合比的最佳含水率和最大干密度。其中，击实筒为 $\varphi 10\ mm \times H12.7\ mm$，锤击层数为 5 层，每层锤击 27 次。

（2）搅拌与成型

根据击实试验结果，将钛石膏、粉煤灰、水、碱性激发剂等加入立式搅拌机内慢搅 120 s，使混合料搅拌均匀，如图 2.3（a）所示。依据 JTG E51—2009[106] 中试件的制作方法，采用万能压力机静压成型（压实度 95%），静压速率为 1 mm/min，制备 $\varphi 50\ mm \times H50\ mm$ 标准试件，如图 2.3（b）所示。

（a）搅拌方式　　　　　　　（b）试件成型

图 2.3　试件搅拌与成型

（3）养护方法

参考 JTG E51—2009[106] 中的养护方法，采用标准养护箱［养护温度（20±2）℃、相对湿度≥95%］养护，养护方式为覆膜养护、湿养护及浸水养护。其中，覆膜养护为将试件套在薄膜内放于养护箱中，如图 2.4（a）所示；湿养护为将试件直接置于养护箱内，浸水养护为将试件置于（20±2）℃水中，使水面高于试件约 2.5 cm，如图 2.4（b）、（c）所示。

（a）试件覆膜养护　　　　　（b）试件浸水　　　　　（c）养护箱内试件浸水养护

图2.4　试件养护

（4）无侧限抗压强度试验

依据 JTG E51—2009[106] 进行无侧限抗压强度试验，采用 φ50 mm×H50 mm 试件，试验前试件浸水 24 h，每组试验试件数不小于 6 个，每组试验结果的变异系数 C_V 小于 6%；本试验采用路强仪（加载速率为 1 mm/min）进行加压，如图 2.5 所示，记录最大压力值。根据式（2-1）、式（2-2）分别计算抗压强度平均值 R_C、抗压强度 95% 保证率的代表值 $R_{C0.95}$，变异系数 C_V 计算如式（2-3）所示。

$$R_C = \frac{P}{A}, \tag{2-1}$$

$$R_{C0.95} = R_C - 1.645S, \tag{2-2}$$

$$C_V = \frac{S}{R_C}。 \tag{2-3}$$

式中，R_C 为试件无侧限抗压强度的平均值，MPa；$R_{C0.95}$ 为无侧限抗压强度 95% 保证率的代表值，MPa；C_V 为变异系数；P 为试件破坏时的最大压力，N；A 为试件的横截面积，mm^2；S 为标准差。

图2.5　无侧限抗压强度试验

（5）软化系数计算

采用软化系数计算试件浸水抗压强度与未浸水抗压强度的比值，评价其水稳定性，如式（2-4）所示。

$$K_f = \frac{R_f}{R_0}。 \tag{2-4}$$

式中，K_f 为软化系数；R_f 为试件浸水养护的抗压强度，MPa；R_0 为试件未浸水养护的抗压强度，MPa。

2.3 试验结果与分析

2.3.1 不同碱性激发剂的比选

当采用 2%、4%、6% 的水玻璃和 0.1%、0.3%、0.5% 的氢氧化钠作为激发剂时，5 组膏灰比试件经 3 d 湿养护后，出现开裂现象，试件损坏严重，如图 2.6 所示。当采用薄膜养护时，经养护 6 d 后浸水 1 d 时，试件出现快速崩解现象，水中试件表面开始出现气泡，试件上方水面出现泡沫，试件表面快速剥落，试样泥化，水槽浑浊，如图 2.7 所示。这说明硅酸钠（水玻璃）和氢氧化钠不适合作为碱激发钛石膏粉煤灰胶凝材料的碱性激发剂。

图 2.6 湿养护下试件损坏

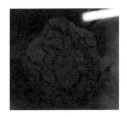

图 2.7 试件浸水后崩解

当采用普通硅酸盐水泥作为碱性激发剂时，进行湿养 6 d 后，同样出现开裂现象，但开裂程度比采用氢氧化钠与硅酸钠的低，如图 2.8（a）所示。当薄膜养护 6 d 后，浸水 1 d、8 d、22 d 后所有试件未发生开裂崩解现象，如图 2.8（b）所示。

（a）湿养试件开裂　　　　　　　　　　　（b）试件浸水

图 2.8　水泥粉煤灰钛石膏胶凝材料试件养护

表 2.5 给出了碱激发钛石膏粉煤灰胶凝材料无侧限抗压强度的试验结果。由表 2.5 可知，水泥掺量在 4%~10% 时，胶凝材料的强度随水泥掺量增多而增大，这说明碱激发钛石膏粉煤灰胶凝材料中水泥掺量越高，其抗压强度就越大。因此，本着经济性原则和现有研究[107-108]，现选择胶凝材料中水泥掺量为 10%，进一步确定胶凝材料中合适的膏灰比。

表 2.5　碱激发钛石膏粉煤灰胶凝材料无侧限抗压强度的试验结果

膏灰比	水泥掺量	7 d			14 d			28 d		
		R_C/MPa	C_V	$R_{C0.95}$/MPa	R_C/MPa	C_V	$R_{C0.95}$/MPa	R_C/MPa	C_V	$R_{C0.95}$/MPa
	4%	1.08	5.22%	0.99	1.68	3.54%	1.58	3.07	5.36%	2.80
3:7	7%	1.21	3.68%	1.14	2.07	4.52%	1.92	3.26	4.23%	3.03
	10%	1.72	5.43%	1.57	3.27	5.36%	2.98	4.53	3.13%	4.30
	4%	1.14	4.63%	1.05	2.68	4.23%	2.49	3.56	5.14%	3.26
4:6	7%	1.53	5.74%	1.39	3.02	3.26%	2.86	3.92	5.36%	3.57
	10%	2.1	4.68%	1.94	3.66	5.73%	3.32	4.8	5.69%	4.35
	4%	1.93	3.45%	1.82	3.07	4.37%	2.85	3.88	4.36%	3.60
5:5	7%	2.02	5.87%	1.82	3.74	4.69%	3.45	4.65	5.13%	4.26
	10%	2.25	5.32%	2.05	4.41	4.58%	4.08	5.29	5.78%	4.78

续表

膏灰比	水泥掺量	7 d			14 d			28 d		
		R_C/MPa	C_V	$R_{C0.95}$/MPa	R_C/MPa	C_V	$R_{C0.95}$/MPa	R_C/MPa	C_V	$R_{C0.95}$/MPa
6 : 4	4%	2.12	6.42%	1.90	2.86	3.52%	2.69	3.61	3.47%	3.40
	7%	2.18	5.47%	1.98	3.03	4.36%	2.81	4.31	5.46%	3.92
	10%	2.52	4.64%	2.33	3.44	5.69%	3.12	4.53	5.32%	4.13
7 : 3	4%	2.23	4.26%	2.07	2.64	4.52%	2.44	3.22	3.46%	3.04
	7%	2.55	3.14%	2.42	3.01	4.23%	2.80	4.23	5.32%	3.86
	10%	2.7	3.74%	2.53	3.75	4.39%	3.48	4.43	4.33%	4.11

2.3.2 不同膏灰比的胶凝材料抗压强度

表 2.6 显示了水泥掺量为 10% 时 5 组碱激发不同膏灰比的胶凝材料击实试验结果。由表 2.6 可知，胶凝材料内钛石膏掺量越高，其最大干密度越小，而最佳含水率却逐渐降低。图 2.9 显示了不同膏灰比、不同龄期下胶凝材料的抗压强度。由表 2.5 和图 2.9 可知，在 28 d 龄期内 5 组试件的抗压强度均随龄期增长而增大；7 d 龄期时，抗压强度随钛石膏掺量增多而增大，但早期强度发展缓慢，膏灰比 3 : 7 时抗压强度最小；膏灰比为 7 : 3 时，7 d 抗压强度最大；14~28 d 龄期时，抗压强度显著增大，膏灰比为 5 : 5 时抗压强度最大，14 d、28 d 抗压强度代表值分别为 4.08 MPa、4.78 MPa。

表 2.6　碱激发钛石膏粉煤灰胶凝材料击实试验结果

试验号	膏灰比	最大干密度/(g/cm³)	最佳含水率
1	3 : 7	1.486	20.8%
2	4 : 6	1.482	20.5%
3	5 : 5	1.475	19.3%
4	6 : 4	1.471	18.7%
5	7 : 3	1.465	18.1%

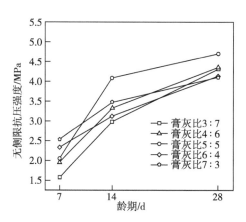

图 2.9　不同膏灰比、不同龄期下胶凝材料的抗压强度

2.3.3　不同浸水时间下胶凝材料的抗压强度

表 2.7 给出了碱激发钛石膏粉煤灰胶凝材料浸水 14 d、28 d，并统一经薄膜养护 6 d 后分别浸水 8 d、22 d 的抗压强度试验结果。由表 2.7 可知，在浸水 8 d 或 22 d 后，5 组胶凝材料配合比试件均未发生崩解或开裂现象，说明采用水泥作为胶凝材料的碱性激发剂是可行的。不同浸水时间对胶凝材料试件抗压强度的影响，如图 2.10 所示。

表 2.7　不同浸水时间下碱激发钛石膏粉煤灰胶凝材料的抗压强度试验结果

膏灰比	14 d（浸水 8 d）			28 d（浸水 22 d）		
	R_C/MPa	C_V	$R_{C0.95}$/MPa	R_C/MPa	C_V	$R_{C0.95}$/MPa
3∶7	3.17	3.16%	3.01	4.26	4.32%	3.96
4∶6	3.51	5.29%	3.20	4.31	4.78%	3.97
5∶5	4.02	3.24%	3.81	4.43	5.64%	4.02
6∶4	3.70	4.25%	3.44	4.22	3.47%	3.98
7∶3	3.80	3.55%	3.58	4.32	5.62%	3.92

由表 2.7 和图 2.10 可知，5 组试件经浸水 8 d 或 22 d 的抗压强度随着养护龄期增长而增大，而膏灰比为 5∶5 时，试件抗压强度达到最大值，其中浸水 8 d 的抗压强度代表值为 3.81 MPa，浸水 22 d 的抗压强度代表值可达 4.02 MPa。通过比较表 2.5 和表 2.7 可发现，浸水 8 d 或 22 d 后 5 组配合比试件的抗压强度降低，当膏灰比为 5∶5 时，

抗压强度仍为最大值，但其 14 d、28 d 强度分别降低了 6.62%、14.47%。

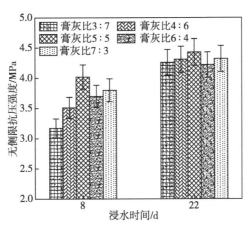

图 2.10　不同浸水时间下胶凝材料的抗压强度

2.3.4　不同浸水时间下胶凝材料的软化系数

5 组胶凝材料配合比试件未浸水时 7 d、14 d、28 d 抗压强度试验结果如表 2.8 所示。由表 2.7 与表 2.8 相比可知，在 14 d、28 d 的未浸水抗压强度明显高于浸水的试件抗压强度，而且抗压强度有随着钛石膏掺量增多而增大的趋势。

表 2.8　碱激发钛石膏粉煤灰胶凝材料未浸水抗压强度试验结果

膏灰比	7 d			14 d			28 d		
	R_C/MPa	C_V	$R_{C0.95}$/MPa	R_C/MPa	C_V	$R_{C0.95}$/MPa	R_C/MPa	C_V	$R_{C0.95}$/MPa
3：7	1.76	4.29%	1.64	3.27	2.33%	3.14	4.63	3.17%	4.39
4：6	2.23	5.81%	2.02	3.69	3.78%	3.46	5.19	4.29%	4.82
5：5	2.47	4.42%	2.29	4.42	5.21%	4.04	5.40	4.23%	5.02
6：4	3.11	3.52%	2.93	4.30	4.57%	3.98	5.41	5.25%	4.94
7：3	3.42	5.35%	3.12	4.47	3.25%	4.23	5.68	3.85%	5.32

表 2.9 给出了在薄膜养护 6 d 浸水 1 d、8 d、22 d 时，5 组胶凝材料试件的软化系数计算结果。图 2.11 给出了薄膜养护 6 d 浸水 1 d、8 d、22 d 对 5 组胶凝材料试件软化系数的影响。

表 2.9 碱激发钛石膏粉煤灰胶凝材料软化系数的计算结果

膏灰比	浸水龄期		
	7 d 龄期浸水 1 d	14 d 龄期浸水 8 d	28 d 龄期浸水 22 d
3：7	0.98	0.97	0.92
4：6	0.94	0.95	0.83
5：5	0.91	0.91	0.82
6：4	0.81	0.86	0.78
7：3	0.79	0.85	0.76

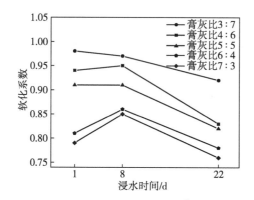

图 2.11 不同浸水时间下胶凝材料的软化系数

由表 2.9 和图 2.11 可知，5 组试件软化系数随钛石膏掺量增多而降低；浸水 1 d 时，5 组配合比试件的软化系数随钛石膏掺量增多而降低，特别是膏灰比为 6：4、7：3 时降低显著；浸水 8 d 时，与浸水 1 d 相比，除膏灰比 3：7 外其余软化系数略有上升，而膏灰比 3：7、4：6、5：5 试件的软化系数明显高于膏灰比为 6：4、7：3，且膏灰比为 5：5、4：6、3：7 时，软化系数在 0.9 以上；浸水 22 d 时，与浸水 8 d 相比，5 组配合比试件的软化系数降低，而膏灰比为 3：7、4：6、5：5 的软化系数在 0.82 以上。

2.4 本章小结

本章通过薄膜养护、湿养、浸水养护的方式以及无侧限抗压强度试验，确定了胶凝材料中合适的碱性激发剂、合适的膏灰比，并得出不同浸水时间对胶凝材料抗压强度的影响。本章结论如下：

①通过普通硅酸盐水泥、氢氧化钠、硅酸钠三类碱性激发剂比选发现，普通硅酸盐水泥作为胶凝材料的碱性激发剂是适合的，而氢氧化钠、硅酸钠易使胶凝材料开裂崩解，不宜作为碱性激发剂；针对水泥作为碱性激发剂，通过薄膜养护、湿养护、浸水养护发现，胶凝材料早期不宜进行湿养和浸水养护，采用薄膜养护的方式最优。

②碱激发钛石膏粉煤灰胶凝材料 7 d 龄期内无侧限抗压强度发展缓慢，且 5 组配合比试件的抗压强度随钛石膏掺量增多而增大；14~28 d 龄期强度发展显著，当膏灰比为 5∶5 时，14 d、28 d 抗压强度最大。

③薄膜养护 6 d 后浸水养护 8 d、22 d 发现，胶凝材料膏灰比为 3∶7、4∶6、5∶5 的软化系数明显高于其他两组，其中膏灰比为 5∶5 的试件抗压强度最大，软化系数高于 0.82。

第三章　碱激发钛石膏矿渣赤泥胶凝材料

3.1　原材料

①钛石膏：和第二章中所用钛石膏相同。

②矿渣：选用 S95 矿渣，如图 3.1 所示购自河北省灵寿县俊轶矿产品加工厂，化学成分如表 3.1 所示，物相组成如图 3.2 所示。

图 3.1　矿渣

表 3.1　矿渣的化学组成

成分	CaO	Al$_2$O$_3$	SiO$_2$	MgO	Fe$_2$O$_3$	TiO$_2$	SO$_3$	MnO$_2$	Na$_2$O
含量	42.6%	14.2%	27.8%	8.09%	0.378%	1.2%	2.46%	0.401%	0.550%

从图 3.2 可以看到，矿渣的曲线大都是馒头峰，无明显特征衍射峰，说明矿渣存在玻璃体，显示较锐的峰较少，存在少量的晶体形态的成分，根据 XRD 图谱，矿渣中含量最高的是 Ca$_3$Si$_2$O$_7$，还存在 C$_2$S、C$_3$S、CaF$_2$ 等成分。

③赤泥：取自中铝山东公司，现场周围环境如图 3.3 所示，处理后的赤泥如图 3.4 所示，主要化学成分如表 3.2 所示，物相组成如图 3.5 所示，粒径分布如图 3.6 所示。

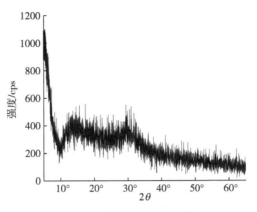

图 3.2 矿渣的 XRD 图谱

图 3.3 赤泥堆场周围环境

图 3.4 处理后的赤泥

表 3.2　赤泥的化学组成

成分	SiO_2	Al_2O_3	Fe_2O_3	CaO	MgO	Na_2O	SO_3	Cl_2	K_2O
含量	13.60%	14.60%	29.90%	14.60%	0.44%	6.71%	0.45%	0.14%	0.15%

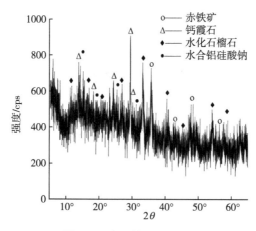

图 3.5　赤泥的 XRD 图谱

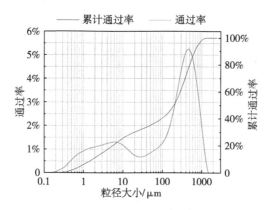

图 3.6　赤泥的粒径分布

从图 3.5 可以看出，赤泥的主要物相包括水化赤铁矿、钙霞石等，成分较复杂。从图 3.6 可以看出，赤泥的粒径主要分布在 10~1000 μm。

④硅酸钠：购自山东淄博华通化学试剂有限公司，$Na_2SiO_3 \cdot 9H_2O$，分析纯，白色块状。

3.2　试验方案与方法

3.2.1　试验方案

用钛石膏、矿渣、赤泥、硅酸钠制备胶凝材料，设计石膏矿渣比（简称"膏渣比"）为 7∶3、6∶4、5∶5、4∶6，赤泥矿渣比（简称"赤渣比"）为 1∶4、1∶3、1∶2、1∶1，硅酸钠掺量为 0、2%、4%、6%，构建三因素四水平试验，试验因素–水平如表 3.3 所示，试验方案如表 3.4 所示。

表 3.3　试验因素–水平

水平	A（膏渣比）	B（赤渣比）	C（硅酸钠掺量）
1	7∶3	1∶4	0
2	6∶4	1∶3	2%
3	5∶5	1∶2	4%
4	4∶6	1∶1	6%

表 3.4　试验方案

序号	A（膏渣比）	B（赤渣比）	C（硅酸钠掺量）
C1	7∶3	1∶4	0
C2	7∶3	1∶3	4%
C3	7∶3	1∶2	2%
C4	7∶3	1∶1	6%
C5	6∶4	1∶4	4%
C6	6∶4	1∶3	0
C7	6∶4	1∶2	6%
C8	6∶4	1∶1	2%
C9	5∶5	1∶4	2%
C10	5∶5	1∶3	6%
C11	5∶5	1∶2	0
C12	5∶5	1∶1	4%
C13	4∶6	1∶4	6%
C14	4∶6	1∶3	2%
C15	4∶6	1∶2	4%
C16	4∶6	1∶1	0

3.2.2　试验方法

击实试验、无侧限抗压强度试验、软化系数试验和 2.2.2 相同。

（1）制备过程

依次称取钛石膏、赤泥、矿渣进行搅拌，待搅拌均匀后（基本 4 min 整体无色差），再用喷壶进行喷雾式加水拌和，若配比中含有硅酸钠，则应将硅酸钠溶于水后，再进行加水拌和，搅拌至均匀装入模具，碱激发钛石膏矿渣赤泥胶凝材料的搅拌流程如图 3.7 所示。

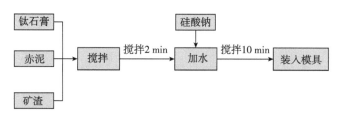

图 3.7　碱激发钛石膏矿渣赤泥胶凝材料的搅拌流程

待混合料搅拌均匀后，用小刷子在 φ50 mm×50 mm 模具的内壁和上下垫块涂油，便于后续脱模。填料前，按规范要求将模具下部外露 20 cm，将混合料一次性装入，将上垫块加入，外露距离同样 20 cm。待全部填料填装完毕后，用小车运至电液伺服万能压力试验机旁边，放在起降台上，调整试验机参数，控制加载速率 1 mm/min，直至垫块完全进入 φ50 mm×50 mm 模具后静压 2 min。静压完毕后，将静压的试块拿至脱模室，放置不小于 2 h 进行脱模。为了使试块的损伤最小，脱模过程中应一次性脱去。脱模后的试件应立即记录其高度和质量，高度要求 0.1 mm 精度，质量要求 0.1 g 精度。记录完毕后，立即移入（20±2）℃、98%湿度的恒温箱内，养护至试验要求龄期，最后一天浸水养护，温度同恒温箱温度一致，保证加入试件后试件与水面的距离大约 2.5 cm。试件制备及养护流程如图 3.8 所示。

（2）腐蚀性鉴别

由于本部分研究的赤泥具有强碱性，本节依据《固体废物　腐蚀性测定　玻璃电极法》（GB T15555.12—1995）试验，按照规程对样品进行测试，分析其是否为危险废物[109]。

依据试验规程，具体过程如下：将 3 d、7 d、14 d、28 d 碱激发钛石膏矿渣赤泥胶凝材料无侧限抗压强度试验结束后的试块进行破碎备用（粒径要求 100%通过 φ5 mm 筛子），称取 100 g 干基样品与 1 L 蒸馏水混合，转入容器中，再通过振荡器自然条件保持振荡 8 h，取下静置 16 h；使用真空过滤装置进行固液分离，将得到的溶液用 pH 测定仪测定，评价其腐蚀性。真空过滤装置和 pH 测定过程如图 3.9 和图 3.10 所示。

拌和	填料	压实
脱模	养护箱养护	浸水养护

图 3.8　碱激发钛石膏矿渣赤泥胶凝材料试件制备及养护流程

图 3.9　真空过滤装置

图 3.10　pH 测定过程

（3）重金属浸出

本书依据《固体废物　浸出毒性浸出方法　醋酸缓冲溶液法》（HJ/T 300—2007）制备前期的液体样品准备试验[110]，通过 WJGS-027 电感耦合等离子质谱联用仪 ICP-MS7500ce 测试滤液中的重金属元素含量。根据《地下水质量标准》（GB/T 14848—2017）规定的Ⅲ类地下水重金属标准，以及《危险废物鉴别标准　浸出毒性鉴别》（GB 5085.3—2007）规定的危险废物极限值评价其是否具有浸出毒性[111-112]。

依据试验规程，具体过程如下：将 3 d、7 d、14 d、28 d 碱激发钛石膏矿渣赤泥胶凝材料无侧限抗压强度试验结束后的试块进行破碎备用（粒径要求 100% 通过 φ9.5 mm 筛子），制备浸提剂，每次用 2 L 的蒸馏水将 34.5 mL 的优质冰醋酸进行稀释备用，配制的标准浸提剂 pH 2.59~5.69；然后取干基 75 g 与 20 倍干基质量的浸提剂混合，装入容器当中，使用振荡装置于（23±2）℃下保持（18±2）h；振荡结束后使用真空压力过滤器进行过滤，收集滤液，通过 WJGS-027 电感耦合等离子质谱联用仪 ICP-MS7500ce 测试滤液中的重金属元素含量，ICP 仪器如图 3.11 所示。

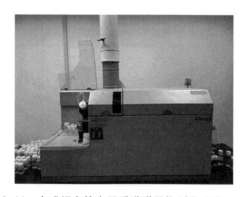

图 3.11　电感耦合等离子质谱联用仪 ICP-MS7500ce

（4）放射性检测

由于本部分制备的胶凝材料掺有赤泥，赤泥中放射性含量较高，故根据《建筑材料放射性核素限量》（GB 6566—2010）要求试验[113]，通过低本底多道 γ 能谱仪检测其镭-226、钍-232、钾-40 比活度，评价放射性是否符合要求。

依据试验规程，具体过程如下：将碱激发钛石膏矿渣赤泥胶凝材料进行无侧限抗压强度试验结束后的试块进行破碎磨细密封备用（粒径要求≤0.16 mm），通过低本底多道 γ 能谱仪检测其镭-226、钍-232、钾-40 比活度；样品内照射、外照射指数计算如式（3-1）和式（3-2）所示。

①内照射指数

$$I_{Ra} = \frac{C_{Ra}}{200}。 \tag{3-1}$$

式中，I_{Ra} 为内照射指数；C_{Ra} 为建筑材料中天然放射性核素镭-226 的放射性比活度，$Bq \cdot kg^{-1}$；200 为仅考虑内照射情况下，该标准规定的建筑材料中放射性核素镭-226 的放射性比活度限量，$Bq \cdot kg^{-1}$。

②外照射指数

$$I_r = \frac{C_{Ra}}{370} + \frac{C_{Th}}{260} + \frac{C_K}{4200}。 \tag{3-2}$$

式中，I_r 为外照射指数；C_{Ra}、C_{Th}、C_K 分别为建筑材料中天然放射性核素镭-226、钍-232 和钾-40 的放射性比活度，$Bq \cdot kg^{-1}$；370、260、4200 分别为仅考虑外照射情况下，该标准规定的建筑材料中放射性核素镭-226、钍-232 和钾-40 的放射性比活度限量，$Bq \cdot kg^{-1}$。

本次测试委托淄博市产品质量监督检验所进行。

3.3 试验结果与分析

3.3.1 无侧限抗压强度

按照试验方案进行无侧限抗压强度试验，正交试验结果如表 3.5 所示。

表 3.5 正交试验结果

序号	A （膏渣比）	B （赤渣比）	C （硅酸钠掺量）	D 空列	E 空列	7 d 强度/MPa	28 d 强度/MPa
1	7 : 3	1 : 4	0	1	1	3.5	16.3
2	7 : 3	1 : 3	4%	2	2	4.4	17.7
3	7 : 3	1 : 2	2%	3	3	3.7	17.0
4	7 : 3	1 : 1	6%	4	4	5.4	16.7
5	6 : 4	1 : 4	4%	3	4	4.9	19.2
6	6 : 4	1 : 3	0	4	3	4.0	18.4
7	6 : 4	1 : 2	6%	1	2	5.1	18.0

续表

序号	A （膏渣比）	B （赤渣比）	C （硅酸钠掺量）	D 空列	E 空列	7 d 强度/MPa	28 d 强度/MPa
8	6∶4	1∶1	2%	2	1	4.7	17.3
9	5∶5	1∶4	2%	4	2	5.4	21.0
10	5∶5	1∶3	6%	3	1	5.6	20.1
11	5∶5	1∶2	0	2	4	5.0	19.4
12	5∶5	1∶1	4%	1	3	5.5	19.0
13	4∶6	1∶4	6%	2	3	7.2	25.1
14	4∶6	1∶3	2%	1	4	6.8	22.4
15	4∶6	1∶2	4%	3	2	6.6	22.2
16	4∶6	1∶1	0	4	1	4.3	20.2

由表 3.5 可以看出，碱激发钛石膏矿渣赤泥胶凝材料 7 d 强度最低为 3.5 MPa，最高达 7.2 MPa，增长 10.57%；碱激发钛石膏矿渣赤泥胶凝材料 28 d 强度最低为 16.3 MPa，最高可达 25.1 MPa，增长 53.9%。表明膏渣比、赤渣比、硅酸钠掺量这 3 种因素变化对 7 d、28 d 强度指标影响较大。

根据试验结果，对表 3.5 进行了直观分析，结果如表 3.6 所示。由表 3.6 可知，对于碱激发钛石膏矿渣赤泥胶凝材料的 7 d 无侧限抗压强度，各因素的影响顺序为：膏渣比、硅酸钠掺量、赤渣比；对于碱激发钛石膏矿渣赤泥胶凝材料的 28 d 无侧限抗压强度，各因素的影响顺序为：膏渣比、赤渣比、硅酸钠掺量。其中，膏渣比对两指标无侧限抗压强度影响最大，赤渣比对 7 d 无侧限抗压强度指标影响最小，硅酸钠掺量对 28 d 无侧限抗压强度指标的影响最小。

表 3.6　正交试验结果直观分析

指标	因素	K_1	K_2	K_3	K_4	$\bar{K}_1$	$\bar{K}_2$	$\bar{K}_3$	$\bar{K}_4$	R
7 d 无侧限 抗压强度	A	17.0	18.8	21.5	25.0	4.2	4.7	5.4	6.2	2.0
	B	21.0	20.8	20.4	19.9	5.3	5.2	5.1	5.0	0.3
	C	16.8	21.5	20.5	23.4	4.2	5.4	5.1	5.8	1.6
	D	20.9	21.3	18.5	21.5	5.2	5.3	4.6	5.4	0.8
	E	20.3	19.3	20.4	22.2	5.1	4.8	5.1	5.5	0.7

续表

指标	因素	K_1	K_2	K_3	K_4	$\overline{K}_1$	$\overline{K}_2$	$\overline{K}_3$	$\overline{K}_4$	R
28 d 无侧限 抗压强度	A	67.8	72.9	79.5	90.0	16.9	18.2	19.9	22.5	5.6
	B	81.6	78.7	76.6	73.2	20.4	19.7	19.2	18.3	2.1
	C	74.3	78.1	77.7	80.0	18.6	19.5	19.4	20.0	1.4
	D	75.7	79.4	76.6	78.4	18.9	19.9	19.1	19.6	1.0
	E	75.9	77.0	79.5	77.7	19.0	19.2	19.9	19.4	0.9

　　为反映各因素对不同龄期试件抗压强度的影响，绘制了因素与抗压强度的关系曲线，如图 3.12 所示。由图 3.12 可知，在 3 种因素的影响下，膏渣比对 7 d 抗压强度和 28 d 抗压强度起主要作用，变化趋势明显。随着膏渣比的降低，碱激发钛石膏矿渣赤泥胶凝材料抗压强度逐渐增大，同时伴随着硅酸钠掺量的增多而增加，碱激发钛石膏矿渣赤泥胶凝材料 28 d 龄期抗压强度随着膏渣比的变化趋势比 7 d 龄期更明显，说明随着龄期增长，膏渣比在碱激发钛石膏矿渣赤泥胶凝材料过程中起到主要作用且所起作用逐步增强，主要原因是随着矿渣含量的增加，反应体系中水化硅酸钙凝胶的生成量增加，为基体提供了强度保障。并且随着硅酸钠掺量的变化，28 d 碱激发钛石膏矿渣赤泥胶凝材料的抗压强度变化趋势比 7 d 抗压强度明显增长，虽然硅酸钠掺量对早期 7 d 的影响程度略低于膏渣比 18%，但高于赤渣比 83%，说明早期硅酸钠的掺加对碱激发钛石膏矿渣赤泥胶凝材料强度的形成也起了一定作用，主要原因是硅酸钠溶于水后，水解生成 NaOH 与 $Si(OH)_4$，这样既可以充当 NaOH 的激发作用，同时 $Si(OH)_4$ 又可与 Ca^{2+}、Al^{3+} 结合生成 C-S-H 凝胶和 C-A-H 凝胶等，提高了碱激发钛石膏矿渣赤泥胶凝材料的强度[114]。

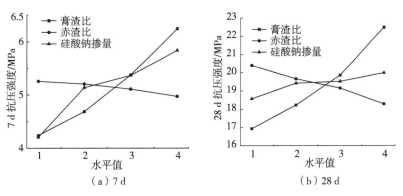

图 3.12　各因素对不同龄期试件抗压强度的影响

表 3.7、表 3.8 分别为碱激发钛石膏矿渣赤泥胶凝材料 7 d、28 d 抗压强度分析结果。

表 3.7　碱激发钛石膏矿渣赤泥胶凝材料 7 d 抗压强度分析结果

方差来源	偏差平方和	自由度	平均偏差平方和	$F_比$	$F_比$临界值
膏渣比	9.139	3	3.046	2.607	$F_{0.10}(3,15)=2.490$
赤渣比	0.186	3	0.062	0.053	$F_{0.10}(3,15)=2.490$
硅酸钠掺量	5.650	3	1.883	1.612	$F_{0.10}(3,15)=2.490$
误差	173.85	6			
总和	188.82	15			

表 3.8　碱激发钛石膏矿渣赤泥胶凝材料 28 d 抗压强度分析结果

方差来源	偏差平方和	自由度	平均偏差平方和	$F_比$	$F_比$临界值
膏渣比	68.902	3	22.967	3.986	$F_{0.05}(3,15)=3.290$
赤渣比	9.460	3	3.153	0.547	$F_{0.05}(3,15)=3.329$
硅酸钠掺量	4.202	3	1.400	0.243	$F_{0.05}(3,15)=3.329$
误差	86.42	6			
总和	168.98	15			

如表 3.7、表 3.8 所示，通过方差分析和显著性检验，可以看到膏渣比的 $F_比$ 均大于 $F_比$临界值，说明此膏渣比的变化对碱激发钛石膏矿渣赤泥胶凝材料 7 d、28 d 抗压强度影响显著，并且对 7 d 抗压强度影响显著的可信度为 90%，对 28 d 抗压强度影响显著的可信度为 95%，其次是硅酸钠掺量，赤渣比影响次之，这些分析均与直观分析的结果相符合。

在石膏中掺加矿渣、赤泥、硅酸钠 3 种材料，体系中会产生一系列的反应，可简化为以下几步：

①石膏、赤泥、硅酸钠的早期溶解，形成游离的 SO_4^{2-} 及 OH^- 等，分布于溶液体系中；

②矿渣在 OH^- 等的作用下，Ca^{2+}、Mg^{2+} 等不断溶解于体系中，具体如式（3-3）所示：

$$CaO+H_2O \longrightarrow Ca(OH)_2。 \tag{3-3}$$

同时促使硅氧四面体及铝氧四面体的解聚，使体系中活跃的大量硅氧四面体都以硅酸根离子的单体或多聚体为单位存在，与 Ca^{2+} 形成 C-S-H 凝胶，而铝氧四面体在与 Ca^{2+} 与 OH^- 的作用下形成钙矾石，具体如式（3-4）和式（3-5）所示：

$$xCa^{2+}+ySiO_3^{2-}+nH_2O \longrightarrow xCaO \cdot ySiO_2 \cdot nH_2O, \tag{3-4}$$

$$3Al_2O_4^{2-}+6Ca^{2+}+3SO_4^{2-}+32H_2O \longrightarrow 3CaO \cdot Al_2O_3 \cdot 3CaSO_4 \cdot 32H_2O。 \tag{3-5}$$

在水化反应早期，大量的钛石膏参与反应，形成微量的钙矾石，同时钛石膏与钙矾石相互交叉提供了早期强度，随着反应进程，钙矾石和 C-S-H 凝胶等反应产物生成量增多，覆盖于钛石膏基体表面，并且继续反应，在这样一个相互交叉的结构上又增加一层网状结构，相互补充，使整体结构更加稳固，表现出良好的性能。

3.3.2 水稳定性

按照试验方案进行水稳定性试验，正交试验结果见表 3.9。

表 3.9 正交试验结果

序号	A（膏渣比）	B（赤渣比）	C（硅酸钠掺量）	D 空列	E 空列	28 d 浸水强度/MPa
1	7：3	1：4	0	1	1	12.1
2	7：3	1：3	4%	2	2	12.4
3	7：3	1：2	2%	3	3	11.0
4	7：3	1：1	6%	4	4	11.8
5	6：4	1：4	4%	3	4	18.9
6	6：4	1：3	0	4	3	16.6
7	6：4	1：2	6%	1	2	19.4
8	6：4	1：1	2%	2	1	16.2
9	5：5	1：4	2%	4	2	22.2
10	5：5	1：3	6%	3	1	24.0
11	5：5	1：2	0	2	4	21.0
12	5：5	1：1	4%	1	3	21.5
13	4：6	1：4	6%	2	3	27.1
14	4：6	1：3	2%	1	4	26.4
15	4：6	1：2	4%	3	2	26.0
16	4：6	1：1	0	4	1	24.1

从表 3.9 可以看出，28 d 浸水强度最低为 11.0 MPa，最高可达 27.1 MPa，增长达 146%，表明膏渣比、赤渣比、硅酸钠掺量对碱激发钛石膏矿渣赤泥胶凝材料浸水强度影响较大。

并对表 3.9 进行了直观分析，结果如表 3.10 所示。由表 3.10 可知，对于碱激发钛石膏矿渣赤泥胶凝材料的浸水 28 d 无侧限抗压强度，各因素的影响顺序均为：膏渣比、硅酸钠掺量、赤渣比。其中，膏渣比对 28 d 无侧限抗压强度影响最大，其次是硅酸钠掺量，最后为赤渣比。绘制了因素与抗压强度关系曲线，如图 3.13 所示。

表 3.10　正交试验结果直观分析

指标	因素	K_1	K_2	K_3	K_4	$\bar{K}_1$	$\bar{K}_2$	$\bar{K}_3$	$\bar{K}_4$	R
浸水 28 d 无侧限抗压强度/MPa	A	47.2	71.1	88.7	103.7	11.8	17.8	22.2	25.9	14.1
	B	80.3	79.3	77.4	73.6	20.1	19.8	19.4	18.4	1.7
	C	73.8	78.8	75.8	82.3	18.4	19.7	19.0	20.6	2.2
	D	79.4	76.7	78.0	76.6	19.8	19.2	19.5	19.2	0.6
	E	78.2	78.2	76.0	78.2	19.6	19.5	19.0	19.6	0.6

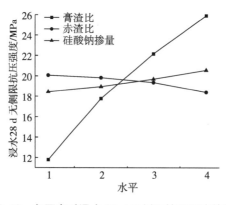

图 3.13　各因素对浸水 28 d 无侧限抗压强度的影响

如图 3.13 所示，在 3 种因素的影响下，随着膏渣比的降低，碱激发钛石膏矿渣赤泥胶凝材料的 28 d 浸水抗压强度随之增大；随着硅酸钠掺量的增加，碱激发钛石膏矿渣赤泥胶凝材料的 28 d 浸水抗压强度随之升高，变化趋势平缓，赤渣比的增大使指标的作用降低，但趋势较缓。表 3.11 为 28 d 浸水抗压强度结果分析。

表 3.11　28 d 浸水抗压强度结果分析

方差来源	偏差平方和	自由度	平均偏差平方和	$F_比$	$F_比$临界值
膏渣比	441.945	3	147.315	4.794	$F_{0.05}(3,15)=3.290$
赤渣比	6.555	3	2.185	0.071	$F_{0.05}(3,15)=3.290$
硅酸钠	10.266	3	3.422	0.111	$F_{0.05}(3,15)=3.290$
误差	460.90	6			
总和	919.67	15			

从表 3.11 可以看出，膏渣比的 $F_比=4.794>F_比$ 临界值 $[F_{0.05}(3,15)=3.290]$，这说明其对 28 d 浸水抗压强度影响显著的可信度为 95%，其次是硅酸钠掺量，赤渣比影响最小。这些分析均与直观分析的结果相符合。

图 3.14 展示的是不同膏渣比 28 d 碱激发钛石膏矿渣赤泥胶凝材料的软化系数，以及对其软化系数进行二次拟合。

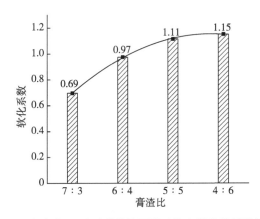

图 3.14　不同膏渣比 28 d 碱激发钛石膏矿渣赤泥胶凝材料的软化系数

从图 3.14 可以发现，28 d 碱激发钛石膏矿渣赤泥胶凝材料软化系数呈增长趋势，特对其进行二次函数拟合，方程如式（3-6）所示：

$$K=0.30493+0.45399i-0.06066i^2。 \tag{3-6}$$

式中，i 为膏渣比水平值，可以是 1、2、3、4，如表 3.3 所示；K 为软化系数。

式（3-6）是膏渣比因素与软化系数的拟合函数，$i^2=0.99$，该二次函数非常具有显著性，并且可以看到随着膏渣比的降低，软化系数呈明显的增长趋势，在膏渣比为

7∶3时，碱激发钛石膏矿渣赤泥胶凝材料的软化系数较低，低于0.75；当膏渣比降低到6∶4时，软化系数达到0.97；当膏渣比降低至5∶5和4∶6时，碱激发钛石膏矿渣赤泥胶凝材料软化系数均不小于1；膏渣比在6∶4以下的碱激发钛石膏矿渣赤泥胶凝材料显示出了良好的耐水性能。

在石膏中掺加矿渣、赤泥、硅酸钠3种材料，体系显示出良好的耐水性能。主要原因是赤泥与硅酸钠同时提供的碱性环境对于体系反应有很大的促进作用，与钛石膏提供的SO_4^{2-}生成钙矾石穿插在体系的空隙中，大大减少了空隙率，同时生成的C-S-H能够很好地包裹钙矾石和钛石膏，进一步减少了钙矾石的膨胀损伤和钛石膏被水分接触的可能，有效地形成了C-S-H凝胶类防水膜的效果，提高了钛石膏材料的耐水性。

3.3.3 环境影响评价

由于钛石膏、赤泥的掺加，碱激发钛石膏矿渣赤泥胶凝材料的成分变得复杂；依据《危险废物鉴别标准》（GB 5085.1~6—2007）进行检测鉴别，将钛石膏归类于Ⅰ类一般工业固体废弃物；对其处理方式依《一般工业固体废物贮存、处置场污染控制标准》（GB 18599—2001）执行，确保其能够得到科学有效的安全处置；赤泥由于其碱性、重金属（砷、镉、镍、锌、铅等）的存在，并且超出了相应极限值，被归类至固体危险废物。在固体危险废物方面，赤泥的掺加着重从腐蚀性鉴别和浸出毒性两个主要方面出发，并且已有研究表明赤泥原材料的浸出毒性不符合规范要求。

（1）腐蚀性鉴别

不同龄期材料浸出液pH检测结果如表3.12所示。

表 3.12　不同龄期材料浸出液 pH

试验编号	龄期	规范要求 pH	pH
1#	3 d		11.70
2#	7 d	2.0~12.5	11.73
3#	14 d		11.49
4#	28 d		11.53

由表3.12可知，3 d、7 d、14 d、28 d龄期试件的pH均在11~12，在规范要求pH数值之内，因此不属于危险废物。

（2）重金属浸出

根据《地下水质量标准》（GB/T 14848—2017）规定的Ⅲ类地下水重金属标准，以及《危险废物鉴别标准　浸出毒性鉴别》（GB 5085.3—2007）规定的危险废物极限值，绘制重金属浸出试验结果对比表，如表3.13所示。

表3.13　重金属浸出试验结果对比

试验编号	元素	Ⅲ类地下水标准/（mg/L）	危废限值/（mg/L）	测试结果/（mg/L）			
				3 d	7 d	14 d	28 d
1#	Cr	≤0.05	≤5	0.023 06	0.024 149	0.009 934	0.018 809
2#	Cu	≤1.0	≤100	0.032 24	0.032 61	0.060 735	0.048 977
3#	Zn	≤1.0	≤100	0.035 37	0.032 061	0.026 636	0.016 927
4#	As	≤0.05	≤5	0.013 86	0.006 169	0.002 175	0.001 592
5#	Cd	≤0.01	≤1	0.000 060 4	0.000 033 7	0.000 034 7	0.000 025 1
6#	Pb	≤0.05	≤5	0.000 957 7	0.000 57	0.001 617	0.000 992

由表3.13可知，制备的胶凝材料在3 d、7 d、14 d、28 d龄期的试件浸出液结果均小于危险废物的极限值，说明该胶凝材料不属于有浸出毒性的危险废物，同时与Ⅲ类地下水标准对比，各种重金属元素含量试验结果均未超出极限值。

（3）放射性检测

试验结果见表3.14。

表3.14　碱激发钛石膏矿渣赤泥胶凝材料放射性试验结果

样品	标准要求		试验检测结果		是否满足要求
	内照射指数	外照射指数	内照射指数	外照射指数	
碱激发钛石膏矿渣赤泥胶凝材料	≤2.8	≤2.8	0.2	0.4	满足要求

由表3.14可知，根据《建筑材料放射性核素限量》（GB 6566—2010）规定，此类胶凝材料适用于室外的其他用途建材，放射性要求内外照射指数不大于2.8，通过γ能谱仪测试的样品内外照射指数均在标准要求内，满足规范要求。

3.4 本章小结

本章根据规范要求采用击实试验确定了制备 16 组配比胶凝材料的最大干密度和最佳含水率。以 7 d、28 d 的抗压强度、水稳定性为评价指标，通过直观分析、方差分析、综合确定碱激发钛石膏矿渣赤泥胶凝材料的适宜配比范围，并对碱激发钛石膏矿渣赤泥胶凝材料进行腐蚀性鉴别、重金属浸出、放射性检测试验，评价其环境影响。

① C1~C16 组击实试验结果表明：钛石膏、矿渣、赤泥、硅酸钠制备的碱激发钛石膏矿渣赤泥胶凝材料最大干密度达到 1.498 g/cm^3，最低为 1.381 g/cm^3，胶凝材料的膏渣比对材料的干密度具有显著影响，赤渣比次之，硅酸钠掺量最低；随着膏渣比的降低，胶凝材料干密度增加，同时胶凝材料干密度也随赤渣比的减小而增大；最佳含水率也与原材料性质密切相关，随着膏渣比、赤渣比的降低，最佳含水率随之下降，最佳含水率在 24%~30%。

②无侧限抗压强度试验结果表明：膏渣比 4∶6、赤渣比 1∶4、硅酸钠 6%制备的碱激发钛石膏矿渣赤泥胶凝材料 7 d、28 d 抗压强度可分别达到 7.2 MPa 和 25.1 MPa；对 7 d 抗压强度影响显著程度排序为膏渣比→硅酸钠掺量→赤渣比，对 28 d 抗压强度影响显著程度排序为膏渣比→赤渣比→硅酸钠掺量。

③水稳定性试验结果表明：膏渣比对 28 d 浸水抗压强度影响显著。通过二次函数拟合，随着膏渣比的降低，材料软化系数呈现明显上升的趋势，在膏渣比 7∶3 时，碱激发钛石膏矿渣赤泥胶凝材料的软化系数明显较低，小于 0.75，当膏渣比变化为 6∶4 时，碱激发钛石膏矿渣赤泥胶凝材料软化系数达到 0.97，随着膏渣比进一步降低至 5∶5 和 4∶6，碱激发钛石膏矿渣赤泥胶凝材料软化系数均不小于 1；膏渣比 6∶4 以下的碱激发钛石膏矿渣赤泥胶凝材料显示了良好的耐水性能。

④根据腐蚀性鉴别结果，胶凝材料样品在 3 d、7 d、14 d、28 d 的浸出液 pH 值分别为 11.70、11.73、11.49、11.53，均符合规范要求的非危险废物大于 2 小于 12.5 的 pH 值要求，同时 pH 值稳定在 11.45~11.75，保证了体系的碱度，钙矾石晶体形成的稳定性得到提高；根据重金属浸出溶液的检测结果，胶凝材料样品 Cr、Cu、Zn、As、Cd、Pb 元素在 3 d、7 d、14 d、28 d 龄期的浓度最大值分别为 2.306% mg/L、6.0735% mg/L、3.537% mg/L、1.386% mg/L、0.006 04% mg/L、0.161 7% mg/L，最大值未超过危险固废的标准要求，同时与规范要求的Ⅲ类地下水标准进行对比也符合

标准要求；根据放射性检测结果，碱激发钛石膏矿渣赤泥胶凝材料的内照射指数为 0.2，不大于规范要求的 2.8，符合要求，外照射指数为 0.4，同样不大于规范要求 2.8，符合要求。因此，碱激发钛石膏矿渣赤泥胶凝材料符合国家环境规范要求。

第四章　碱激发钛石膏矿渣胶凝材料

4.1　原材料

①钛石膏：和第二章中所用钛石膏相同。

②矿渣：和第三章中所用矿渣相同。

③硅酸钠：购自河南铂润新材料有限公司，模数为 2.0，Na_2O 含量为 25.0% ~ 29.0%，SiO_2 含量为 49.0% ~ 54.0%，如图 4.1 所示。具体检测报告如表 4.1 所示。

④氢氧化钠：产自烟台市双双化工，AR 分析纯，分子式为 NaOH，如图 4.1 所示。

（a）硅酸钠　　　　　　　　（b）氢氧化钠

图 4.1　硅酸钠和氢氧化钠

表 4.1　硅酸钠检测报告

检测项目	模数	SiO_2	Na_2O	细度	溶解速度/s
检测结果	2.0	49.8%	25.4%	98.9%	59

4.2 试验方案与方法

4.2.1 试验方案

本试验以钛石膏、矿渣、碱激发剂、标准砂等为主要原材料，通过氢氧化钠调节硅酸钠模数为 1.0，固定水固比为 0.5，采用硅酸钠和氢氧化钠两种激发剂，以钛石膏掺量（0、10%、20%、30%、40%）、Na_2O 用量（3%、4%、5%、6%、7%）为变量，采用凝结时间、抗折强度（3 d、7 d、28 d）和抗压强度（3 d、7 d、28 d）等指标对碱激发胶凝材料的组成设计进行优化，试验方案和评价指标如表 4.2 所示。

表 4.2 试验方案和评价指标

示例代码	钛石膏掺量	Na_2O 用量	评价指标
T0J3	0	3%	
T0J4	0	4%	
T0J5	0	5%	
T0J6	0	6%	
T0J7	0	7%	
T10J3	10%	3%	
T10J4	10%	4%	
T10J5	10%	5%	
T10J6	10%	6%	凝结时间
T10J7	10%	7%	抗折强度（3 d、7 d、28 d）
T20J3	20%	3%	抗压强度（3 d、7 d、28 d）
T20J4	20%	4%	
T20J5	20%	5%	
T20J6	20%	6%	
T20J7	20%	7%	
T30J3	30%	3%	
T30J4	30%	4%	
T30J5	30%	5%	
T30J6	30%	6%	

续表

示例代码	钛石膏掺量	Na₂O 用量	评价指标
T30J7	30%	7%	
T40J3	40%	3%	
T40J4	40%	4%	凝结时间 抗折强度（3 d、7 d、28 d） 抗压强度（3 d、7 d、28 d）
T40J5	40%	5%	
T40J6	40%	6%	
T40J7	40%	7%	

注：T0 代表钛石膏掺量为 0，J3 代表 Na₂O 用量为 3%，余同。

4.2.2　试验方法

（1）搅拌与成型

本书中碱激发胶凝材料依据《公路工程水泥及水泥混凝土试验规程》（JTG 3420—2020）[115] 中水泥胶砂制备方法进行制备。其中，水泥胶砂试模规格为 40 mm×40 mm×160 mm，具体试件制备流程如下所述。

①将胶砂试模擦拭干净，在试模底面涂抹黄油，然后将试模拼接固定好，防止漏浆，在胶砂试模内壁均匀涂抹一层机油，然后将胶砂试模放在水泥胶砂振动台上固定。

②固定胶凝材料与 ISO 标准砂的质量比为 1∶3，水固比为 0.5。每制作 3 个胶砂试件需称量的材料及用量为：胶凝材料 450 g（钛石膏和矿渣用量根据试验方案称量）、ISO 标准砂 1350 g、水 225 mL、碱激发剂适量（碱激发剂用量根据试验方案称量）。

③在试件成型的前一天称量 225 mL 水，将激发剂倒入水中，然后放在磁力搅拌机上充分搅拌，搅拌后将其静置 24 h 恢复至室温。

④将提前备好的碱激发剂溶液倒入水泥胶砂搅拌锅中，再倒入称量好的胶凝材料，并将搅拌锅放在固定架上，立即启动机器，低速搅拌 30 s 后，第 2 个 30 s 开始同时标准砂被均匀地加入搅拌锅内，然后高速搅拌 30 s，停拌 90 s，在 15 s 内将搅拌叶和锅壁上的胶砂刮入搅拌锅中。最后在高速下再搅拌 60 s，搅拌结束后将搅拌锅取下，进行下一步成型。

⑤将搅拌好的胶砂分两次装入试模中，第 1 次每个试模槽中加入约 300 g 胶砂后，用播平器在每个试模槽中来回一次将胶砂播平，然后启动胶砂振动台振动 60 次停止，第 2 次装入胶砂，装完继续用播平器播平，然后振动 60 次。振动台振动完毕后，移走模套，用刮平尺以 90°的角度沿试模长度方向，以横向割锯动作从一端慢慢移向另一

端，将多余的胶砂刮去，并用同一刮平尺抹平试件。试件搅拌、成型与养护如图 4.2 所示。

搅拌　　　　　　　　　　成型

标养箱养护　　　　　　　水箱养护

图 4.2　试件搅拌、成型与养护

（2）试件养护

经水泥胶砂振动台振动成型后的胶砂试件连同试模放入温度设置为（20±2）℃，湿度≥95%的标准养护室（箱）内养护 24 h。标准养护室（箱）内标准养护完成后，对胶砂试件进行脱模并放入温度为（20±2）℃水箱中（每个水箱养护同类型胶砂试件且各胶砂试件间距>5 mm，水面高于胶砂试件上表面也应大于 5 mm），继续养护至规定龄期。养护期间内水箱不得换水，胶砂的标养箱养护和水箱养护如图 4.2 所示。

（3）凝结时间

在进行碱激发胶凝材料净浆凝结时间试验前应先确定标准稠度用水量，标准稠度用水量试验和凝结时间试验均按照《公路工程水泥及水泥混凝土试验规程》（JTG 3420—2020）[115] 实施。用于测定标准稠度用水量、凝结时间的试样采用同一类型试模，试模为耐腐蚀、由足够硬度金属制成的圆锥形试模，深度为 40 mm，台顶内径为 65 mm、台底内径为 75 mm，每个试模配备边长为 100 mm、厚度为 5 mm 的平板玻璃底板。

标准稠度用水量试验流程如下所述：

①在搅拌净浆前，提前用湿布擦拭搅拌锅和搅拌叶片，先将激发剂溶液倒入净浆

搅拌锅中，然后 5~10 s 小心将提前称量好的 500 g 胶凝材料（钛石膏和矿渣用量根据试验方案确定）倒入搅拌锅中，在此过程中应注意防止溶液和胶凝材料溅出。然后迅速将净浆搅拌锅放在搅拌机上并固定好，上升至搅拌位置，启动搅拌机，低速搅拌 120 s 后停止 15 s，在停止的时间内用刮刀将搅拌叶和搅拌锅内壁上的净浆刮回搅拌锅中，接着再高速搅拌 120 s 后停机，取下搅拌锅。

②净浆搅拌结束后，立即取适量胶凝材料净浆将其一次性装入试模（置于玻璃板上）中，净浆浆体应超出试模顶面，然后用直边刀轻轻拍打净浆 5 次，以排除浆体中的空隙，然后在试模上表面以略倾斜于试模的角度，从中间向两边轻轻刮掉多余的浆体，最后从试模边沿轻抹顶部 1 次。

③净浆制备完成后迅速将试模和底板移到已提前调试好的维卡仪上，降低试杆至与净浆表面接触。拧紧螺丝 2 s 后放松，使试杆垂直落入净浆中，在试杆落下 30 s 或停止下沉后，记录试杆与底板之间的距离。

④试杆距底板 5~7 mm 时的净浆为标准稠度净浆。该净浆制备时的拌和水量为该胶凝材料的标准稠度用水量。

凝结时间试验流程如下所述：

①以确定的各配比下的标准稠度用水量制成标准稠度净浆，将其一次性装在试模中，振动数次后锯掉多余的浆体，立即放入标准养护箱中养护。

②以胶凝材料全部加入激发剂溶液中的时间为初始时间，净浆在标准养护箱中养护 30 min 后进行第一次凝结时间测定。测定时，将净浆试件从养护箱中取出并放在已提前调试好的维卡仪上，降低初凝试针直至与净浆表面接触。拧紧螺丝 2 s 后放松，使初凝试针垂直自由地沉入净浆中。观察释放试针 30 s 或试针停止下沉后维卡仪的读数，临近初凝时间时约 5 min 测定 1 次。当试针沉至距底板 3~5 mm 时，改变试针位置再重复测定 1 次，此次试针也沉至距底板 3~5 mm 时，判定胶凝材料净浆达到初凝状态。

③当胶凝材料净浆达到初凝状态，将试模连同浆体以平移的方式从玻璃板取下，翻转 180° 后放在玻璃板上，再放入养护箱中继续养护。临近终凝时间每间隔约 15 min 测定 1 次，当环形附件开始不能在试件上留下痕迹时，改变试针位置再重复测定 1 次，此次环形附件也不能在试件上留下痕迹时，判定胶凝材料达到终凝状态。

（4）抗折强度

碱激发胶凝材料抗折强度试验按照《公路工程水泥及水泥混凝土试验规程》（JTG 3420—2020）[115] 实施，试验仪器使用抗折抗压一体试验机。

碱激发胶凝材料胶砂的抗折强度采用中心加荷法进行测定。在测试抗折强度 15 min

前将养护至规定龄期（3 d、7 d、28 d）的试件从养护水箱中取出，抹掉试件表面沉积物并用湿布覆盖，使试件保持湿润状态。将试件放在抗折夹具上并调整试件放置位置，使抗折压头尽量接近试件中心。设置抗折试验加荷速度为 50 N/s，开始试验至试件折断破坏，记录抗折强度数据。计算三块试件抗折强度的平均值，结果精确至 0.1 MPa（当测得的强度测定值中有一块超过平均值±10%时，应剔除后再计算平均值，以此平均值作为抗折强度试验结果，如果有两块超过平均值±10%，该组试件无效，应当重做）。抗折强度计算如式（4-1）所示。

$$R_f = \frac{1.5 F_f \cdot L}{b^3}。 \tag{4-1}$$

式中，R_f 为试件抗折强度，MPa；F_f 为破坏荷载，N；L 为支撑圆柱中心距，mm（本书为 100 mm）；b 为试件断面正方形的边长，mm（本书中为 40 mm）。

（5）抗压强度

碱激发胶凝材料抗压强度试验也按照《公路工程水泥及水泥混凝土试验规程》（JTG 3420—2020）[115] 实施。抗折强度试验后应用湿布包住已折断的试件，使试件保持湿润状态，在一组 3 个试件抗折试验全部完成后立刻开始抗压强度试验。抗压试验采用抗压夹具进行，成型时的抹平面不能作为受压面，应采用两个侧面作为受压面。试件的底面紧靠抗压夹具定位销，并使夹具对准压力机压板中心。设置抗压试验加荷速度为 2.4 kN/s，开始试验至试件压碎破坏，记录抗压强度数据。计算 6 块试件抗压强度的平均值，结果精确至 0.1 MPa（当测得的强度测定值中有一块超过平均值±10%时，应剔除后再计算平均值，以其余平均值作为抗压强度试验结果，如果其余 5 块中还有一块强度超过平均值的±10%，该组试件无效，应当重做）。抗压强度计算如式（4-2）所示。

$$R_c = \frac{F_c}{A}。 \tag{4-2}$$

式中，R_c 为试件抗压强度，MPa；F_c 为破坏荷载，N；A 为受压面积，mm²（本书为 1600 mm²）。

试验过程如图 4.3 所示。

（a）凝结时间试验　　　　　（b）抗折强度试验

（c）抗压强度试验

图4.3　试验过程

4.3　试验结果与分析

4.3.1　凝结时间

　　表4.3和图4.4为不同钛石膏掺量和Na_2O用量下的硅酸钠碱激发胶凝材料的凝结时间数据。

表 4.3　各配比硅酸钠碱激发胶凝材料的凝结时间

编号	初凝时间/min	终凝时间/min
T0J3	33	48
T0J4	28	43
T0J5	23	37
T0J6	12	15
T0J7	10	12
T10J3	242	333
T10J4	61	125
T10J5	43	70

续表

编号	初凝时间/min	终凝时间/min
T10J6	20	41
T10J7	17	33
T20J3	329	446
T20J4	217	369
T20J5	86	168
T20J6	47	79
T20J7	28	51
T30J3	348	511
T30J4	243	414
T30J5	168	272
T30J6	71	125
T30J7	38	57
T40J3	385	622
T40J4	282	481
T40J5	217	368
T40J6	92	152
T40J7	52	87

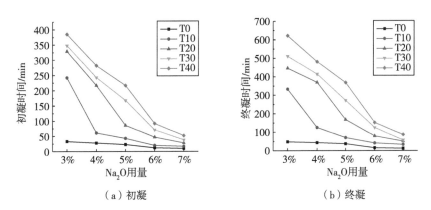

（a）初凝   （b）终凝

图 4.4　硅酸钠碱激发胶凝材料的凝结时间

从表 4.3 和图 4.4 可以看出，碱激发胶凝材料的凝结时间在各钛石膏掺量下均随 Na_2O 用量的增加而逐渐下降，凝结时间基本均在 Na_2O 用量为 4% 时明显下降。钛石膏掺量为 40% 时，各 Na_2O 用量下的初凝时间分别为 385 min、282 min、217 min、92 min 和 52 min，终凝时间分别为 622 min、481 min、368 min、152 min 和 87 min。

碱激发胶凝材料的凝结时间均随 Na_2O 用量增加逐渐变短的原因可能是因为随着 Na_2O 用量的增加，反应体系中的 OH^- 和 $[SiO_4]^{4-}$ 浓度随之增加，会加快胶凝材料颗粒的溶解和聚合反应的进程，导致胶凝材料凝结时间的缩短[116-117]。

从表 4.3 和图 4.4 还可以看出，在各 Na_2O 用量下碱激发胶凝材料的凝结时间随钛石膏掺量的增加不断延长，且延长效果明显，说明钛石膏对碱激发胶凝材料的缓凝效果较优，且当 Na_2O 用量为 5% 及以下时，钛石膏对碱激发胶凝材料的缓凝效果明显。在 Na_2O 用量为 3% 时，各钛石膏掺量下碱激发胶凝材料的初凝时间从 33 min 分别提升到 242 min、329 min、348 min 和 385 min，终凝时间从 48 min 分别提升到 333 min、446 min、511 min 和 622 min。

凝结时间随钛石膏掺量增加逐渐变长的原因，一方面可能是胶凝材料体系中的矿渣用量减少，减弱了矿渣的活性发挥[118]，因此胶凝材料体系的凝结时间延长；另一方面可能是钛石膏溶解后在体系内促进水化生成钙矾石，钙矾石附着在其他颗粒表面，减少了颗粒与水的接触面积，且部分钛石膏中的杂质溶解产生的凝胶物质会延缓水化速率，从而延缓了凝结时间[23,118-119]。

表 4.4 和图 4.5 为不同钛石膏掺量和 Na_2O 用量的碱激发胶凝材料凝结时间数据。

表 4.4　不同钛石膏掺量和 Na_2O 用量的碱激发胶凝材料凝结时间

编号	初凝时间/min	终凝时间/min
T0J3	41	99
T0J4	30	84
T0J5	25	36
T0J6	12	22
T0J7	11	20
T10J3	326	431
T10J4	120	208
T10J5	70	95

续表

编号	初凝时间/min	终凝时间/min
T10J6	24	45
T10J7	20	37
T20J3	401	535
T20J4	269	402
T20J5	99	148
T20J6	54	97
T20J7	30	63
T30J3	438	590
T30J4	356	482
T30J5	198	313
T30J6	89	143
T30J7	41	73
T40J3	482	737
T40J4	401	581
T40J5	253	409
T40J6	110	178
T40J7	64	97

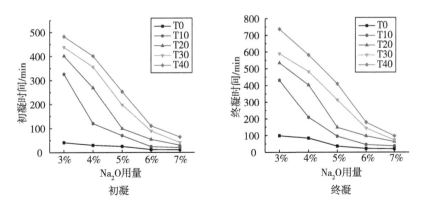

图 4.5 氢氧化钠碱激发胶凝材料的凝结时间

从表 4.4 和图 4.5 可以看出，胶凝材料凝结时间随钛石膏掺量和 Na_2O 用量的变化，表现出同硅酸钠碱激发胶凝材料相同的变化规律，在 Na_2O 用量为 5% 及以下时，钛石膏的缓凝效果明显。当 Na_2O 用量为 3% 时，各钛石膏掺量下碱激发胶凝材料的初凝时间从 41 min 分别提升到 326 min、401 min、438 min、482 min，终凝时间从 99 min 分别提升到 431 min、535 min、590 min 和 737 min。从表 4.3、图 4.4、表 4.4 和图 4.5 还可以看出，无论钛石膏掺量是多少，氢氧化钠作为激发剂对碱激发胶凝材料的缓凝效果要优于硅酸钠作为激发剂的。

氢氧化钠对碱激发胶凝材料的缓凝效果优于硅酸钠的原因，可能是硅酸钠作为激发剂的碱激发胶凝材料受 OH^- 和 $[SiO_4]^{4-}$ 双重作用影响，而氢氧化钠作为激发剂的碱激发胶凝材料仅受 OH^- 的作用，因此凝结硬化相对较慢，凝结时间相对较长。

根据《公路路面基层施工技术细则》（JTG/T F20—2015）[120] 中对水泥及添加料凝结时间的要求可知，普通硅酸盐水泥凝结时间应满足初凝时间>180 min，360 min<终凝时间<600 min 的要求，结合图 4.4 和图 4.5 可以发现满足以上要求的配比有：以硅酸钠为激发剂时，Na_2O 用量 3%，钛石膏掺量 20%~30%；Na_2O 用量 4%，钛石膏掺量 20%~40%；Na_2O 用量 5%，钛石膏掺量 40%。以氢氧化钠为激发剂时，Na_2O 用量 3%，钛石膏掺量 10%~30%；Na_2O 用量 4%，钛石膏掺量为 20%~40%；Na_2O 用量 5%，钛石膏掺量 30%~40%。

4.3.2 抗折强度

图 4.6 为钛石膏掺量对硅酸钠碱激发胶凝材料抗折强度的影响。从图 4.6 可以看出，当 Na_2O 用量为 3% 和 7% 时，抗折强度随钛石膏掺量增加而逐渐下降，且当 Na_2O 用量为 7%，钛石膏掺量为 10% 时的 7 d 和 28 d 抗折强度与未掺钛石膏的材料抗折强度相差不大；当 Na_2O 用量在 4%~6% 时，抗折强度随钛石膏掺量增加呈先上升后下降的趋势，在钛石膏掺量为 10% 时出现抗折强度峰值，基本在钛石膏掺量为 40% 时出现强度最低值。以上试验结果说明，当 Na_2O 用量超过 4% 时，适量钛石膏的掺入对碱激发胶凝材料的抗折强度有一定改善作用。

图 4.7 为钛石膏掺量对氢氧化钠碱激发胶凝材料抗折强度的影响，图 4.8 为 Na_2O 用量对硅酸钠碱激发胶凝材料抗折强度的影响。

从图 4.7 可以看出，各 Na_2O 用量下碱激发胶凝材料的抗折强度均随钛石膏掺量增加而逐渐下降，在各 Na_2O 用量下 10% 钛石膏的掺入对碱激发胶凝材料抗折强度的降低

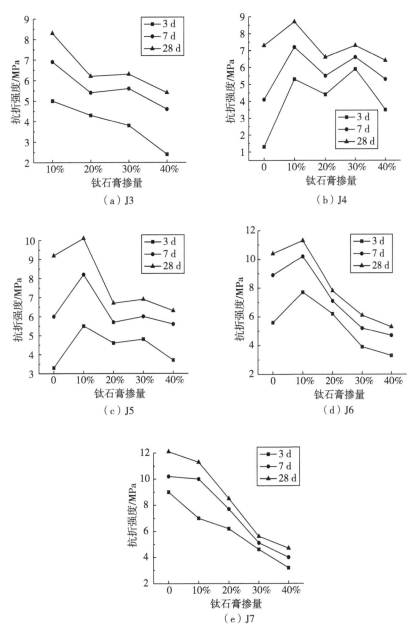

（a）J3   （b）J4

（c）J5   （d）J6

（e）J7

图 4.6   钛石膏掺量对硅酸钠碱激发胶凝材料抗折强度的影响

不大，当钛石膏掺量在 30% 及以上时，各 Na_2O 用量下的抗折强度降低明显，最大降低幅度 70% 以上。

从图 4.8 可以看出，在钛石膏掺量为 20% 及以下时，各钛石膏掺量下碱激发胶凝

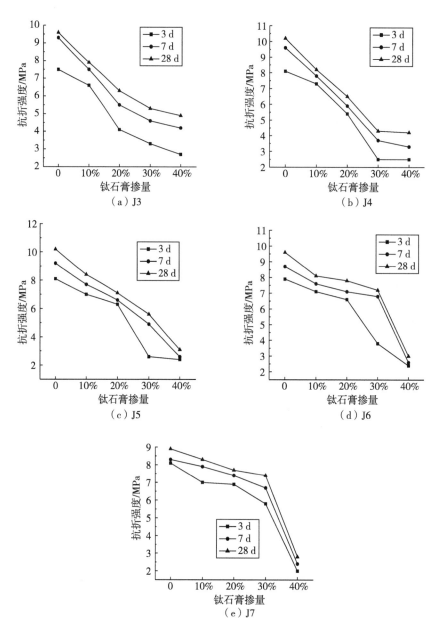

图 4.7　钛石膏掺量对氢氧化钠碱激发胶凝材料抗折强度的影响

材料的抗折强度基本随 Na_2O 用量的增加呈逐渐上升的趋势，抗折强度最大值出现在 Na_2O 用量为 6% 或 7% 时。当钛石膏掺量超过 20% 时，抗折强度最大值出现在 Na_2O 用量为 4% 或 5% 时。

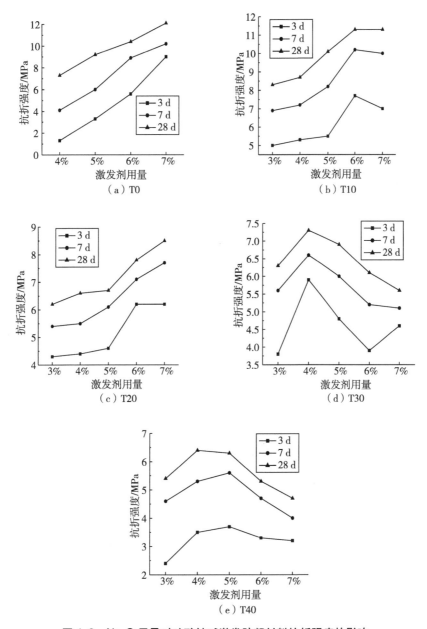

图 4.8 Na_2O 用量对硅酸钠碱激发胶凝材料抗折强度的影响

图 4.9 为 Na_2O 用量对氢氧化钠碱激发胶凝材料抗折强度的影响。

从图 4.9 可以看出，在钛石膏掺量为 0 和 10% 时，抗折强度随 Na_2O 用量的增加呈先上升后下降的趋势，强度峰值基本出现在 Na_2O 用量为 4% 或 5% 时；钛石膏掺量为

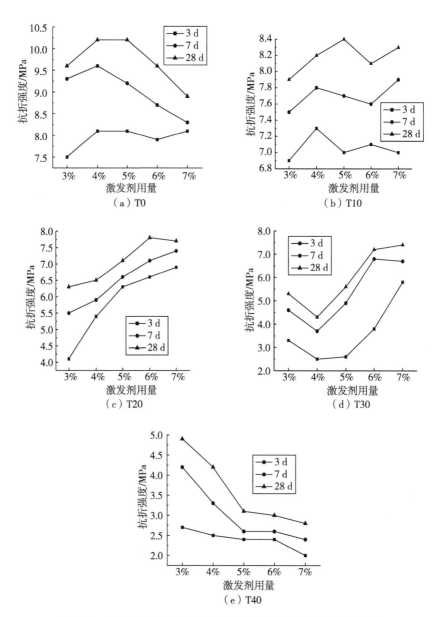

图 4.9 Na$_2$O 用量对氢氧化钠碱激发胶凝材料抗折强度的影响

20%和30%时，抗折强度随 Na$_2$O 用量的增加呈逐渐上升的趋势，强度峰值出现在 Na$_2$O 用量为6%或7%时。但是，当钛石膏掺量为40%时，抗折强度随 Na$_2$O 用量的增加呈逐渐下降的趋势，强度峰值在 Na$_2$O 用量为3%时出现，且 Na$_2$O 用量为5%~7%的试件在 7 d 和 28 d 龄期养护完成后试件表面出现裂缝。

　　根据《通用硅酸盐水泥》（GB 175—2020）[121]中对通用硅酸盐水泥抗折强度的要求可知，32.5 水泥的 28 d 抗折强度应大于 5.5 MPa，结合图 4.6 至图 4.9 可以发现满足 32.5 水泥抗折强度要求的配比有：以硅酸钠为激发剂时，Na_2O 用量 3%，钛石膏掺量 10%～30%，Na_2O 用量 4%，钛石膏掺量 0～40%，Na_2O 用量 5%，钛石膏掺量 0～40%，Na_2O 用量 6%，钛石膏掺量为 0～30%，Na_2O 用量 7%，钛石膏掺量 0～30%；以 NaOH 为激发剂时，Na_2O 用量 3%，钛石膏掺量 0～20%，Na_2O 用量 4%，钛石膏掺量 0～20%，Na_2O 用量 5%，钛石膏掺量 0～30%，Na_2O 用量 6%，钛石膏掺量 0～30%，Na_2O 用量 7%，钛石膏掺量 0～30%。

　　对比图 4.8 和图 4.9 可以看出，氢氧化钠对碱激发胶凝材料抗折强度的激发效果在钛石膏掺量为 0～20% 时与硅酸钠激发的效果相近，但硅酸钠对碱激发胶凝材料抗折强度的激发效果整体上优于氢氧化钠作为激发剂的。

4.3.3　抗压强度

　　图 4.10 为钛石膏掺量对硅酸钠碱激发胶凝材料抗压强度的影响。

　　从图 4.10 可以看出，在 Na_2O 用量为 3%～5% 时，碱激发胶凝材料的抗压强度随钛石膏掺量的增加呈先上升后下降的趋势，早期抗压强度峰值普遍出现在钛石膏掺量为 20% 时，后期抗压强度峰值基本出现在钛石膏掺量为 30% 时，3 d 抗压强度最大值为 25.8 MPa，7d 强度最大值为 34.4 MPa，28d 强度最大值为 42.3 MPa。当 Na_2O 用量超过 5% 时，抗压强度随钛石膏掺量增加而逐步下降，抗压强度最低值出现在钛石膏掺量为 40% 时。

　　以上结果说明，在较低 Na_2O 用量下，适量钛石膏的掺入对硅酸钠碱激发胶凝材料抗压强度体系有一定改善作用，适量钛石膏的加入可能会促进碱激发体系生成 C-S-H 凝胶和 AFt 晶体，充分填充内部空隙，形成致密的结构，从而提升材料的强度。但是，当钛石膏过量掺入时，会存在部分钛石膏无法进行水化反应，杂乱地分布在碱激发体系中，使得体系中出现大量空隙，导致结构内部不密实，引起材料强度的下降[118,122-123]。

　　图 4.11 为钛石膏掺量对 NaOH 碱激发胶凝材料抗压强度的影响。

　　从图 4.11 可以看出，在各 Na_2O 用量下碱激发胶凝材料的抗压强度均随钛石膏掺量的增加而下降，但在 Na_2O 用量为 5%～7% 时，钛石膏掺量为 10% 的材料抗压强度下降不明显，钛石膏掺量超过 20% 时，抗压强度下降明显，下降幅度 50% 以上。以上试验结果说明，钛石膏的加入对氢氧化钠碱激发体系的抗压强度有不利影响。

　　图 4.12 为 Na_2O 用量对硅酸钠碱激发胶凝材料抗压强度的影响。

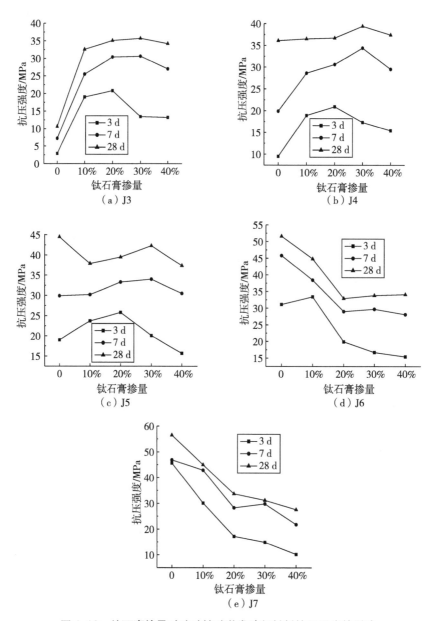

图 4.10　钛石膏掺量对硅酸钠碱激发胶凝材料抗压强度的影响

从图 4.12 可以看出，在钛石膏用量为 0 和 10%时，碱激发胶凝材料的抗压强度随 Na_2O 用量的增加呈逐步上升的趋势，抗压强度最大值普遍出现在 Na_2O 用量为 7%时；钛石膏掺量在 20%~40%时，碱激发胶凝材料的抗压强度随 Na_2O 用量的增加呈先上升后下降的趋势，抗压强度最大值出现在 Na_2O 用量在 4%或 5%时，这可能是因为适当的

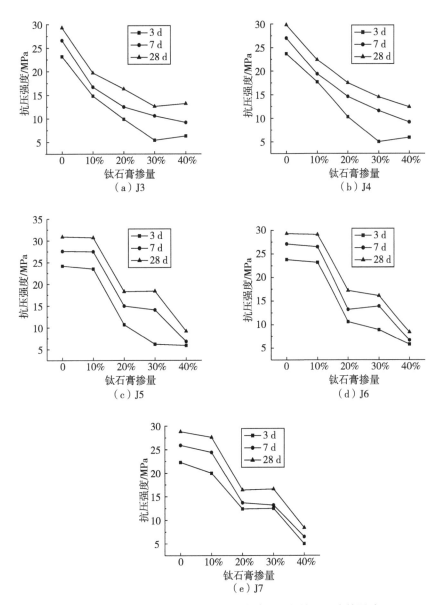

图 4.11　钛石膏掺量对 NaoH 碱激发胶凝材料抗压强度的影响

Na_2O 用量能提高聚合反应的 pH，有效激发胶凝材料中活性硅、铝的活性，促进碱激发体系的水化反应，使试件内部更密实，为体系的强度增长提供保障[124-126]。

图 4.13 为 Na_2O 用量对氢氧化钠碱激发胶凝材料抗压强度的影响。

从图 4.13 可以看出，当钛石膏掺量在 30% 及以下时，碱激发胶凝材料的抗压强度

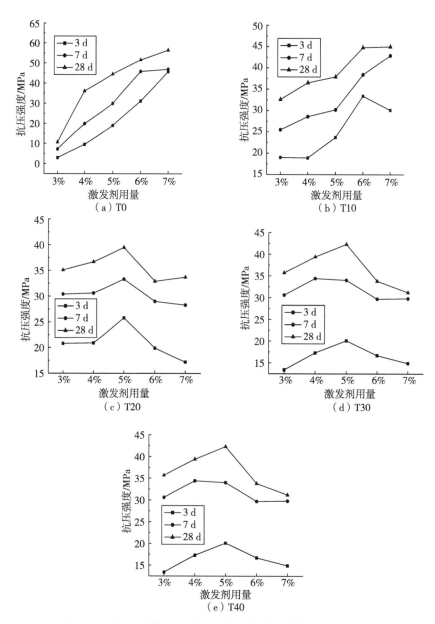

图 4.12 Na$_2$O 用量对硅酸钠碱激发胶凝材料抗压强度的影响

均随 Na$_2$O 用量的增加而先上升后下降，强度峰值普遍出现在 Na$_2$O 用量为 5%时，当钛石膏掺量为 40%时，抗压强度均随 Na$_2$O 用量的增加而降低。

从图 4.12 和图 4.13 可以看出，碱激发胶凝材料的抗压强度随龄期增加而不断增加，在 3~7 d 时增长较快，7~28 d 时增长速度较慢，这可能是因为随着养护龄期的增

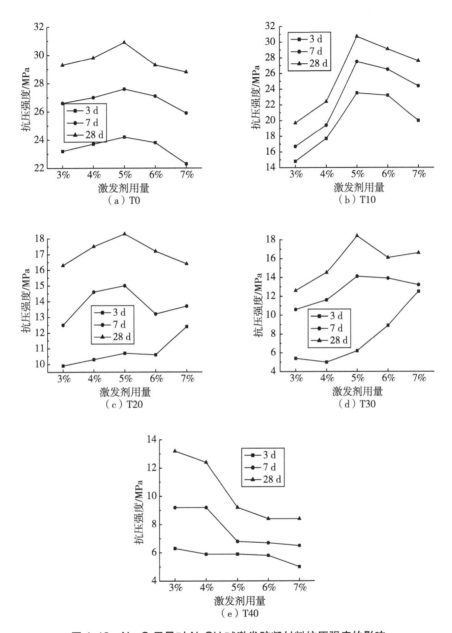

图 4.13　Na$_2$O 用量对 NaOH 碱激发胶凝材料抗压强度的影响

加，水化反应不断进行，生成大量水化产物在材料内部形成致密的结构，且大部分配
比的 3 d 抗压强度达到 28 d 抗压强度的 50% 以上，符合碱激发胶凝材料早期强度高的
特点。

根据《通用硅酸盐水泥》（GB 175—2020）[121] 中对通用硅酸盐水泥抗压强度的要求可知，32.5 水泥的 28 d 抗压强度应大于 32.5 MPa，结合图 4.10 至图 4.13 可以发现，满足 32.5 水泥抗压强度要求的配比有：以硅酸钠为激发剂时，Na_2O 用量 3%，钛石膏掺量 10%~40%，Na_2O 用量 4%，钛石膏掺量 0~40%，Na_2O 用量 5%，钛石膏掺量 0~40%，Na_2O 用量 6%，钛石膏掺量 0~40%，Na_2O 用量 7%，钛石膏掺量 0~20%；以 NaOH 为激发剂时，各 Na_2O 用量和钛石膏掺量下的碱激发胶凝材料抗压强度均不能满足 28 d 抗压强度要求。

结合上述结果和图 4.12、图 4.13 可以看出，NaOH 对碱激发胶凝材料抗压强度的激发效果不如硅酸钠对碱激发胶凝材料抗压强度的激发，硅酸钠激发的材料 28 d 抗压强度比 NaOH 激发的高 10~30 MPa。

4.3.4　材料组成设计优化方案

根据《公路路面基层施工技术细则》（JTG/T F20—2015）[120] 中对水泥及添加料的要求可知，满足普通硅酸盐水泥凝结时间要求的配合比为：Na_2O 用量 3%，钛石膏掺量 20%~30%，Na_2O 用量 4%，钛石膏掺量 20%~40%，Na_2O 用量 5%，钛石膏掺量 40%。根据《通用硅酸盐水泥》（GB 175—2020）[121] 中对通用硅酸盐水泥抗压和抗折强度的要求可知，满足 32.5 水泥抗压和抗折强度要求的配合比为：Na_2O 用量 3%，钛石膏掺量 10%~30%，Na_2O 用量 4%，钛石膏掺量 0~40%，Na_2O 用量 5%，钛石膏掺量 0~40%，Na_2O 用量 6%，钛石膏掺量 0~30%，Na_2O 用量 7%，钛石膏掺量 0~20%。同时满足凝结时间和强度要求的配合比有：Na_2O 用量 3%，钛石膏掺量 20%~30%，Na_2O 用量 4%，钛石膏掺量 20%~40%，Na_2O 用量 5%，钛石膏掺量 40%。其中，Na_2O 用量为 4% 和 5% 的胶凝材料强度接近且优于 Na_2O 用量为 3% 的，但碱用量越大，材料的生产成本越高，因此，优选 Na_2O 用量 4% 为碱激发胶凝材料的最佳碱用量，此时钛石膏掺量范围为 20%~40%。以上配比范围下，不同龄期下碱激发胶凝材料的强度对比如图 4.14 所示。

从图 4.14 可以看出，在掺入适量的钛石膏和激发剂用量后，碱激发钛石膏-矿渣胶凝材料的强度比起碱激发矿渣胶凝材料基本均有所提升，且各个优选配比下材料的抗压强度均能满足 32.5 水泥的抗压强度要求，抗折强度接近其至超过 42.5 水泥的抗折强度要求。各配比下材料的抗折强度和抗压强度均随钛石膏掺量增加呈先上升后下降的趋势，但各配比下 28 d 抗压强度相差不大，因此优选钛石膏掺量范围为 20%~40%。

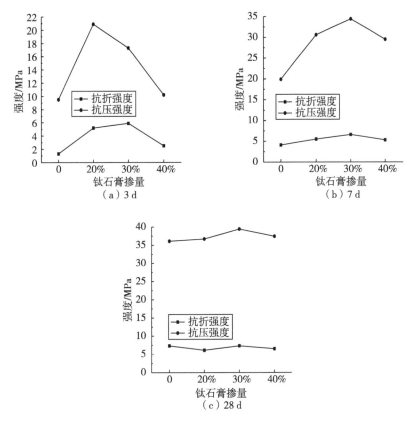

图 4.14　不同龄期下碱激发胶凝材料的强度对比

4.4　本章小结

本章采用氢氧化钠和硅酸钠两种激发剂，以钛石膏掺量和 Na_2O 用量为变量制备了 50 组碱激发胶凝材料，研究了不同材料组成设计下碱激发胶凝材料的凝结时间、抗压强度和抗折强度，确定了碱激发胶凝材料的适宜材料组成。本章主要结论如下：

①根据凝结时间试验结果，碱激发胶凝材料的凝结时间随 Na_2O 用量的增加而逐渐变短，随钛石膏掺量增加而不断延缓；添加钛石膏对碱激发胶凝材料具有缓凝效果，在 Na_2O 用量为 5% 以下时，钛石膏对碱激发胶凝材料的缓凝效果明显；在各钛石膏掺量和 Na_2O 用量下，以硅酸钠为激发剂的碱激发胶凝材料的凝结时间比以 NaOH 为激发剂的短。

②根据抗折强度试验结果，无论是以氢氧化钠还是以硅酸钠为激发剂的碱激发胶

凝材料,在掺入钛石膏后各 Na_2O 用量下,碱激发胶凝材料抗折强度随钛石膏掺量的增加而不断下降,抗折强度峰值普遍出现在钛石膏掺量为 10% 时,碱激发胶凝材料抗折强度随 Na_2O 用量的增加呈逐渐上升或先上升后下降的趋势,抗折强度峰值普遍出现在 Na_2O 用量为 5% 及以上时;在钛石膏掺量为 20% 及以下时,NaOH 为激发剂的碱激发胶凝材料的抗折强度和以硅酸钠为激发剂的相差不大。

③根据抗压强度试验结果,在 Na_2O 用量为 3%~5% 时,以硅酸钠为激发剂的碱激发胶凝材料的抗压强度随钛石膏掺量增加呈先上升后下降的趋势,抗压强度峰值基本出现在钛石膏掺量为 30% 时,以 NaOH 为激发剂的碱激发胶凝材料的抗压强度随钛石膏掺量增加呈逐渐下降的趋势;在钛石膏掺量超过 20% 时,以硅酸钠为激发剂的碱激发胶凝材料的抗压强度随 Na_2O 用量的增加呈先上升后下降的趋势,强度峰值出现在 Na_2O 用量为 4% 或 5% 时,硅酸钠激发的材料 28 d 抗压强度比 NaOH 激发的高 10~30 MPa,且 3 d 强度普遍能达到 28 d 强度的 50%。

④结合凝结时间、抗折强度和抗压强度试验结果,碱激发胶凝材料的适宜材料组成范围为以硅酸钠为碱激发剂,Na_2O 用量为 4%,钛石膏掺量为 20%、30% 和 40%,该材料组成范围下碱激发胶凝材料的强度相差不大且均能满足 32.5 水泥的强度要求,并优于碱激发矿渣胶凝材料的强度。

第五章 碱激发钛石膏粉煤灰胶凝
材料稳定土

5.1 配合比及养护方式

5.1.1 原材料

本部分试验所用黏质土形态，如图5.1所示，其化学成分及物理指标分别如表5.1和表5.2所示；试验所用钛石膏、粉煤灰、水泥同第二章。

图 5.1 黏质土

表 5.1 黏质土化学成分

成分	Na_2O	MgO	Al_2O_3	SiO_2	P_2O_5	SO_3
含量	1.18%	2.00%	16.0%	58.5%	0.133%	0.168%
成分	K_2O	CaO	TiO_2	MnO_2	Fe_2O_3	CO_2
含量	2.68%	4.37%	0.71%	0.086%	4.52%	8.83%

表 5.2　黏质土基本物理指标

颗粒成分			击实试验		液限	塑限	塑性指数
≥0.075 mm	0.075~0.005 mm	≤0.005 mm	最大干密度/（g/cm³）	最佳含水率			
9.1%	83.3%	8.6%	1.875	12.6%	34.1%	19.3%	14.8

5.1.2　试验方案与方法

（1）试验方案

本部分主要从碱激发钛石膏粉煤灰改良黏质土的 CBR、碱激发钛石膏粉煤灰胶凝材料用于稳定土的合理掺量、碱激发钛石膏粉煤灰稳定黏质土合适的养护方式 3 个方面进行研究。采用素土及 5%、10%掺量的胶凝材料用于改良黏质土，进行承载比（CBR）试验，根据《公路路基设计规范》（JTG D30—2015）[127]对改良土 CBR 的要求，为碱激发钛石膏粉煤灰改良土用作路基填筑进行评价，为后续研究提供参考；参照《公路路面基层施工技术细则》（JTG/T F20—2015）[120]中推荐石灰粉煤灰或水泥粉煤灰稳定土的结合料与被稳定材料间的比例为 30∶70~10∶90，本章将 10%、15%、20%、25%、30%掺量的碱激发钛石膏粉煤灰胶凝材料用于稳定黏质土，进行 7 d、28 d 的无侧限抗压强度试验，得到能满足或优于《公路路面基层施工技术细则》（JTG/T F20—2015）[120]中石灰粉煤灰底基层抗压强度的合适掺量；采用薄膜养护、湿养护、浸水养护、干湿养护结合等养护方式，确定合适的养护方式，配合比及养护方案如表 5.3 至表 5.5 所示。

表 5.3　碱激发钛石膏粉煤灰胶凝材料改良黏质土配合比

试验号	胶凝材料含量			黏质土含量
	钛石膏	粉煤灰	水泥	
1	—	—	—	100%
2	2.25%	2.25%	0.5%	95%
3	4.5%	4.5%	1.0%	90%

表5.4 碱激发钛石膏粉煤灰胶凝材料稳定黏质土配合比

试验号	胶凝材料含量			黏质土含量
	钛石膏	粉煤灰	水泥	
1	4.5%	4.5%	1%	90%
2	6.75%	6.75%	1.5%	85%
3	9%	9%	2%	80%
4	11.25%	11.25%	2.5%	75%
5	13.5%	13.5%	3%	70%

表5.5 碱激发钛石膏粉煤灰胶凝材料稳定黏质土养护方案

试验号	龄期/d	薄膜养护/d	湿养护/d	浸水养护/d
1		6	—	1
2	7	3	3	1
3		—	6	1
4		4	—	3
5		22	—	5
6	28	27	—	1
7		25	—	3
8		23	—	5

（2）试验方法

本试验中击实试验、搅拌方式、试件成型、无侧限抗压强度试验方法与碱激发钛石膏粉煤灰胶凝材料相同，无特殊情况不再累述。

本章试验的养护方法主要参考《公路工程无机结合料稳定材料试验规程》（JTG E51—2009）[106]中 T0845—2009 的养护方法，标准养护箱内养护温度（20±2）℃、相对湿度≥95%。其中，薄膜养护为标准养护箱内套袋养护；湿养护为试件直接放置于标准养护箱内；浸水养护为将试件置于（20±2）℃水，使水面在试件顶上约2.5 cm。

CBR 试验依据《公路土工试验规程》（JTG E40—2007）[128]中 T0134—1993 进行试验。击实试件采用Ⅱ-2击实方法成型，试件制作完成后泡水 4 昼夜，水槽水面高于试件 25 mm，记录试件高度变化，计算膨胀量，见式（5-1）；贯入试验采用路面强度仪进行试验,贯入杆速度为 1 mm/min,如图 5.2 所示。本试验以贯入量为 2.5 mm 时的单位压力计算承载比,如式(5-2)所示。

$$膨胀量 = \frac{泡水后试件高度变化值}{原试件高度} \times 100, \qquad (5-1)$$

$$CBR = \frac{P}{7000} \times 100。 \qquad (5-2)$$

式中,CBR 为承载比,%;P 为单位压强,kPa。

（a）试件泡水　　　　　　　（b）贯入试验

图 5.2　CBR 试验

5.1.3　试验结果与分析

（1）碱激发钛石膏粉煤灰改良土的承载比

表 5.6 给出了碱激发钛石膏粉煤灰改良黏质土的最大干密度、最佳含水率、膨胀量及 CBR。由表 5.6 可知,当碱激发钛石膏粉煤灰胶凝材料掺量为 5% 时,与素土相比,碱激发钛石膏粉煤灰改良土的 CBR 从 3.2% 提高到 4.5%,提高幅度约为 40.6%,这说明碱激发钛石膏粉煤灰胶凝材料能够有效提高黏质土的 CBR。当胶凝材料掺量为 10% 时,与素土相比 CBR 提高了 62.5%,与 5% 掺量胶凝材料相比 CBR 提高了 15.5%。

表 5.6　碱激发钛石膏粉煤灰稳定黏质土性能试验结果

类型	黏质土	胶凝材料掺量	
		5%	10%
压实度		95%	
最大干密度/（g/cm³）	1.875	1.863	1.858
最佳含水率	14.6%	13.7%	12.4%
膨胀量/mm	0.03	0.07	0.09
CBR	3.2%	4.5%	5.2%

根据《公路路基设计规范》（JTG D30—2015）[127]，如表 5.7 所示，碱激发钛石膏粉煤灰胶凝材料为 5% 时，其 CBR 能够满足各等级公路中路堤 CBR 的要求，当钛石膏掺量为 10% 时，能够满足各等级公路堤及下路床、三四级公路上路床的 CBR 要求。

表 5.7　路床与路堤最小 CBR 要求

部位		路面底面以下深度/m	填料最小承载比（CBR）		
			高速公路、一级公路	二级公路	三级公路、四级公路
上路床		0~0.3	8%	6%	5%
下路床	轻、中等级交通	0.3~0.8	5%	4%	3%
	特重、极重交通	0.3~1.2	5%	4%	—
上路堤	轻、中等及重交通	0.8~1.5	4%	3%	3%
	特重、极重交通	1.2~1.9	4%	3%	—
下路堤	轻、中等及重交通	1.5 以下	3%	2%	2%
	特重、极重交通	1.9 以下			

（2）碱激发钛石膏粉煤灰稳定土的合理掺量

碱激发钛石膏粉煤灰稳定黏质土试件的无侧限抗压强度试验与击实试验结果如表 5.8 所示。由表 5.8 可知，5 组碱激发钛石膏粉煤灰稳定黏质土配合比的最大干密度在 1.78~1.87 g/cm³，最佳含水率在 13.12%~14.52%，最大干密度与最佳含水率随着碱激发钛石膏粉煤灰胶凝材料的掺量增多而降低，这由于胶凝材料的最佳含水率在 19.3%，高于黏质土最佳含水率。因此，随着胶凝材料掺量增多使得稳定黏质土的含水率增多；同样，胶凝材料的最大干密度在 1.475 g/cm^3，而黏质土最大干密度在 1.875 g/cm^3。因此，稳定黏质土的最大干密度随着胶凝材料掺量增多而减小。

表 5.8 碱激发钛石膏粉煤灰稳定黏质土的无侧限抗压强度试验与击实试验结果

胶凝材料掺量	7 d			28 d			最大干密度/（g/cm^3）	最佳含水率
	R_C/MPa	C_V	$R_{C0.95}$/MPa	R_C/MPa	C_V	$R_{C0.95}$/MPa		
10%	0.44	3.79%	0.41	0.68	5.78%	0.62	1.863	13.26%
15%	0.51	4.62%	0.47	0.86	4.69%	0.79	1.857	13.55%
20%	0.57	3.52%	0.54	0.93	5.72%	0.84	1.835	13.87%
25%	0.68	3.35%	0.64	1.08	3.13%	1.03	1.816	14.17%
30%	0.83	4.25%	0.77	1.26	2.68%	1.21	1.782	14.52%

从表 5.8 可知，胶凝材料掺量为 10% 时，其试件的 7 d、28 d 抗压强度最低，代表值分别为 0.41 MPa、0.62 MPa；当胶凝材料掺量为 20% 时，其抗压强度代表值为 0.54 MPa，能够满足《公路路面基层施工技术细则》（JTG/T F20—2015）[120] 中二级及以下中、轻交通的石灰粉煤灰稳定材料类公路底基层 7 d 龄期无侧限抗压强度要求，如表 5.9 所示；胶凝材料掺量为 25% 时，其抗压强度代表值为 0.64 MPa，满足《公路路面基层施工技术细则》（JTG/T F20—2015）[120] 中二级及以下重交通、高速公路和一级公路中轻交通的石灰粉煤灰稳定材料类公路底基层 7 d 龄期无侧限抗压强度要求。

表 5.9 石灰粉煤灰稳定材料的 7 d 龄期无侧限强度标准 　　　　　　单位：MPa

结构层	公路等级	极重、特重交通	重交通	中、轻交通
底基层	高速公路和一级公路	≥0.8	≥0.7	≥0.6
	二级及以下公路	≥0.7	≥0.6	≥0.5

图 5.3 给出了不同胶凝材料掺量对稳定黏质土无侧限抗压强度的影响。由表 5.8 和图 5.3 可知，28 d 龄期内，5 组不同胶凝材料掺量试件的抗压强度均随着龄期增长而增大，并且 5 组配合比试件 7 d、28 d 抗压强度随胶凝材料含量增多而增大。另外，随龄期增长，5 组配合比试件 28 d 抗压强度显著增大，其中胶凝材料掺量为 20%、25%、30% 时，28 d 抗压强度分别为 0.84 MPa、1.03 MPa、1.21 MPa。

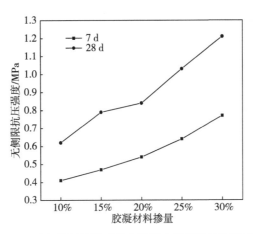

图5.3　不同胶凝材料掺量对稳定黏质土无侧限抗压强度的影响

（3）碱激发钛石膏粉煤灰稳定黏质土的养护方法

现选择碱激发钛石膏粉煤灰胶凝材料的掺量为25%，胶凝材料稳定黏质土在不同养护方式的抗压强度试验结果，如表5.10所示。由表5.10可知，采用湿养护7 d浸水3 d、5 d的养护方式均出现试件开裂现象，如图5.4所示。若采用经薄膜养护再湿养3 d、24 d其抗压强度比干湿养结合7 d、28 d强度分别降低了26.6%、25.2%，这说明在前7 d进行湿养会造成强度损失，采用薄膜养护方式优于干湿养结合的养护方式。

表5.10　不同养护方式下碱激发钛石膏粉煤灰稳定黏质土的抗压强度

养护类型		龄期/d	抗压强度试验结果		
			R_c/MPa	C_V	$R_{C0.95}$/MPa
湿养		7	试件损坏		
先薄膜养护后湿养	湿养3 d	7	0.51	5.32%	0.47
	湿养24 d	28	0.85	5.63%	0.77
先薄膜养护后浸水	浸水1 d	7	0.68	3.35%	0.64
	浸水3 d		试件损坏		
	浸水5 d				
	浸水1 d	28	1.08	3.13%	1.03
	浸水3 d		0.74	5.87%	0.67
	浸水5 d		0.68	5.34%	0.62

湿养护　　　　　　　7 d 浸水 3 d　　　　　　7 d 浸水 5 d

图 5.4　不同养护方式下的试件

图 5.5 给出了 25%掺量的胶凝材料稳定黏质土在不同养护环境下的抗压强度变化。

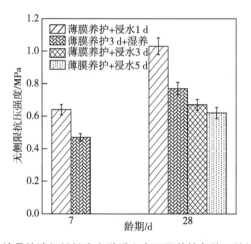

图 5.5　25%掺量的胶凝材料稳定黏质土在不同养护条件下的抗压强度变化

由图 5.5 可知，在同龄期下，采用薄膜养护方式的抗压强度最大，7 d、28 d 龄期抗压强度代表值分别为 0.64 MPa、1.03 MPa。在 7 d、28 d 龄期内先进行薄膜养护 3 d 后进行湿养的试样抗压强度均低于薄膜养护，其强度代表值分别 0.47 MPa、0.77 MPa。此外在 28 d 内浸水 1 d、3 d、5 d 后抗压强度出现逐渐降低的情况，其抗压强度代表值分别为 1.03 MPa、0.67 MPa、0.62 MPa。

综上，在采用薄膜养护、湿养护、干湿结合养护、浸水养护这 4 种养护方式中最优为薄膜养护，其次为前 3 d 薄膜养护后湿养的方式。所以，本部分后续试验依旧选择薄膜养护方式。

5.2 路用性能

5.2.1 原材料

①粉质土：黄河冲积粉土，呈灰色，形状如图 5.6（a）所示，化学成分如表 5.11 所示，物理指标如表 5.12 所示。

②砂类土：呈黄褐色，形状如图 5.6（b）所示，化学成分如表 5.11 所示，物理指标如表 5.12 所示。

③所用黏质土同 5.1 相同；所用钛石膏、粉煤灰、水泥同第二章。

（a）粉质土   （b）砂类土

图 5.6 原材料

表 5.11 原材料化学成分

成分含量	Na_2O	MgO	Al_2O_3	SiO_2	P_2O_5	SO_3	K_2O	CaO	TiO_2	MnO_2	Fe_2O_3	CO_2
粉质土	1.76%	1.87%	11.2%	63.7%	0.13%	0.06%	2.60%	6.52%	0.48%	0.05%	3.07%	7.8%
砂类土	1.52%	1.94%	17.2%	66.0%	0.41%	0.13%	3.59%	1.65%	0.87%	0.09%	5.46%	—

表 5.12 砂类土与粉质土的基本物理指标

土质		粉质土	砂类土
土粒组成	≥0.075 mm	19.55%	42.33%
	0.075~0.005 mm	75.53%	53.24%
	≤0.005 mm	4.92%	4.43%
	液限（W_L）	28.2%	28.3%
	塑限（W_P）	19.6%	16%
	塑性指数（I_P）	9.6	12.6
击实试验	最大干密度/（g/cm³）	1.89	1.84
	最佳含水率	13.3%	12.8%

5.2.2 试验方案与方法

（1）试验方案

固定碱激发钛石膏粉煤灰稳定土中胶凝材料的掺量为 25%，通过无侧限抗压强度试验、劈裂试验、弯拉强度试验、单轴压缩弹性模量试验、抗冲刷试验、冻融试验、干缩试验、温缩试验等路用性能试验确定试验方案，并对稳定黏质土、稳定粉质土、稳定砂类土进行对比和评价。

（2）试验方法

1）劈裂试验

劈裂强度是无机结合料类稳定材料力学性能的主要指标，反映了基层材料的抗拉裂性能。本试验依据《公路工程无机结合料稳定材料试验规程》（JTG E51—2009)[106]中 T0806—2009 的试验方法进行。本试验采用 $\varphi 50$ mm×$H50$ mm 试件，每组试件不少于6 个，养护时间为 7 d、28 d、90 d，试验前最后 1 d 浸水。试验采用压条宽度 6.35 mm，弧面 25 mm，以路强仪加载速率为 1 mm/min 加载至试件损坏，如图 5.7 所示，根据极限荷载计算劈裂强度，如式（5-3）所示。

$$R_i = 0.012\ 526\frac{P}{h}。 \tag{5-3}$$

式中，R_i 为试件劈裂强度，MPa；P 为最大破坏压力，N；h 为试件高度，mm。

（a）试件浸水　　　　　　（b）劈裂试验

图 5.7 劈裂试验

2）弯拉强度试验

弯拉强度反映了半刚性材料的抗弯拉性能。本试验依据《公路工程无机结合料稳定材料试验规程》（JTG E51—2009)[106] 中 T0851—2009 的试验方法进行。本试验采用 50 mm×50 mm×200 mm 梁式试件，试件制作方法依据《公路工程无机结合料稳定材料试验规程》（JTG E51—2009）[106] 中 T0844—2009 的方法进行，如图 5.8 所示。本试验养护时间为 90 d，试验前最后 1 d 浸水养护。试验采用三分点加压，以加载速率为 50 mm/min 的万能试验机加载至试件损坏，根据极限荷载计算弯拉强度，如式（5-4）所示。

$$R_s = \frac{PL}{b^2 h}。$$
(5-4)

式中，R_s 为弯拉强度，MPa；P 为破坏极限荷载，N；L 为两支点距离，mm；b 为试件宽度，mm；h 为试件高度，mm。

50 mm × 50 mm × 200 mm梁式试件成型　　　　弯拉强度测试

图 5.8　弯拉强度试验

3）单轴压缩弹性模量试验

本试验参考《公路沥青路面设计规范》（JTG D50—2017）[129] 中附录 E 的无机结合料稳定类材料单轴压缩弹性模量试验方法（中间段法）进行。试验采用 φ150 mm× H150 mm 试件，试验中每组试验试件不少于 6 个，养护龄期为 90 d，试验前最后 1 d 浸水。试验采用路强仪（加载速率为 1 mm/min）进行施加荷载，至试件破坏，计算单轴压缩弹性模量，如式（5-5）所示。

$$E = \frac{1.2 F_r}{\pi D^2 \varepsilon_{0.3}}。$$
(5-5)

式中，E 为弹性模量，MPa；F_r 为最大荷载，N；D 为试件直径，mm；$\varepsilon_{0.3}$ 为加载达到 $0.3 F_r$ 时的试件纵向应变 $\varepsilon_{0.3} = \Delta 1/L$，如图 5.9 所示。

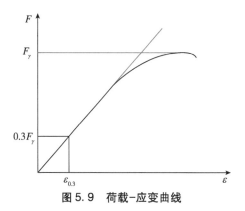

图 5.9 荷载-应变曲线

4）抗冲刷试验

本试验采用《公路工程无机结合料稳定材料试验规程》（JTG E51—2009）[106]中 T0843—2009 的方法进行，制作 φ50 mm×H50 mm 的试件，使 3 类稳定土进行相对比较。试验中每组试件制作不少于 6 个，养护时间为 28 d，最后 1 d 浸水养护，抗冲刷实验如图 5.10 所示。本试验采用抗冲刷试验机，冲刷频率为 10 Hz，冲刷时间为 30 min，经冲刷物沉淀 12 h 后以试件冲刷质量损失率为指标评价抗冲刷性能，如式（5-6）所示。

$$P = \frac{M_f}{M_0} \times 100 。 \tag{5-6}$$

式中，P 为冲刷质量损失率，%；M_f 为冲刷物质量，g；M_0 为试件质量，g。

（a）抗冲刷试验机　　　　（b）冲刷后的试件

图 5.10 抗冲刷试验

5）冻融循环试验

参照《公路工程无机结合料稳定材料试验规程》（JTG E51—2009）[106] 中 T0858—2009 的方法进行，制作 φ150 mm×H150 mm 试件不少于 18 个，其中冻融试件不少于 9 个，不冻融试件不少于 9 个。养护 28 d，最后 1 d 浸水。本试验采用低温试验箱，温度为-16 ℃，冻结 16 h，恒温水槽温度为 20 ℃，融化时间为 8 h，冻融循环 5 次，试件平均损失率超过 5% 后停止循环，冻融循环实验如图 5.11 所示。本试验以抗冻性指标（BDR）评价试件的抗冻性，如式（5-7）所示。

$$BDR = \frac{R_{DC}}{R_c} \times 100。 \tag{5-7}$$

式中，BDR 为 n 次循环后的强度损失，%；R_{DC} 为 n 次循环后试件的抗压强度，MPa；R_c 为对比试件的抗压强度，MPa。

（a）冷冻后的试件　　　（b）冻融循环后抗压强度试验

图 5.11　冻融循环试验

6）干缩试验

本试验依据《公路工程无机结合料稳定材料试验规程》（JTG E51—2009）[106] T0854—2009 的方法进行，每组采用 T0844—2009 中的方法制作 50 mm×50 mm×200 mm 梁式试件 6 个，其中 3 个为收缩变形试件，3 个为测干缩失水率标准试件，7 d 养护，最后 1 d 浸水，如图 5.12（b）所示。试验前测试件初始长度和质量，在试件两端用 502 胶水黏结载玻片，放入收缩仪，使用千分表将两端固定且在试件下端放置玻璃棒，如图 5.12（c）所示，将千分表归零后连同试件放入干缩室［温度（20±1）℃，相对湿度（60±5）%］。其中，前 7 天内每 24 h 记录千分表读数和标准试件的质量；7~28 d 每两天记录；30 d 后记录 60 d、90 d 的千分表读数。以干缩系数为指标评价试件的干缩性能，如式（5-8）至式（5-12）所示。

$$w_i = (m_i - m_{i+1})/m_p, \tag{5-8}$$

$$\delta_i = (\sum_{j=1}^{2} X_{i,j} - \sum_{j=1}^{2} X_{i+1,j})/2, \tag{5-9}$$

$$\varepsilon_i = \delta_i/l, \tag{5-10}$$

$$\alpha_{di} = \varepsilon_i/w_i, \tag{5-11}$$

$$\alpha_d = \frac{\sum \varepsilon_i}{\sum w_i}. \tag{5-12}$$

式中，w_i 为第 i 次失水率，%；δ_i 为第 i 次干缩量，mm；ε_i 为第 i 次干缩应变；α_d 为第 i 次干缩系数，%；m_i 为第 i 次标准试件质量，g；$X_{i,j}$ 为第 i 次测试时第 j 个千分表的读数，mm；l 为标准试件的长度，mm；m_p 为标准试件烘干后恒量，g。

（a）黏结载玻片　　　（b）试件浸水　　　（c）放入干缩室

图 5.12　干缩试验

7）温缩试验

本试验依据《公路工程无机结合料稳定材料试验规程》（JTG E51—2009）[106] 中 T0855—2009 的试验方法进行，每组采用 T0844—2009 中的方法制作 50 mm×50 mm×200 mm 梁式试件不少于 3 个，养护 7 d，最后 1 d 浸水，养护结束后放入烘箱进行预热处理，烘干至恒重。由于石膏的特殊性，烘干温度为 60~70 ℃，使试件不含自由水，干燥后将试件放于干燥通风处降温至常温。本试验采用仪表法，试验前测得试件初始长度，试件放置同干缩试验；使用高低温交变箱进行试验，试验温度范围为 −20~40 ℃，温差为 10 ℃，降温速率为 0.5 ℃/min，温缩试验如图 5.13 所示。本试验以温缩系数为指标，评价试件的温缩性能，如式（5-13）和式（5-14）所示。

$$\varepsilon_i = \frac{l_i - l_{i+1}}{L_0}. \tag{5-13}$$

$$\alpha_t = \frac{\varepsilon_i}{t_i - t_{i+1}}。 \tag{5-14}$$

式中，ε_i 为第 i 个温度下的平均收缩应变，%；l_i 为第 i 个温度区间的千分表读数（平均值），mm；L_0 为试件初始长度，mm；α_t 为温缩系数；t_i 为设定的第 i 个温度区间，℃。

试件预热处理　　　　　　　高低温交变箱

图 5.13　温缩试验

5.2.3　试验结果与分析

（1）无侧限抗压强度

表 5.13 显示了 25%掺量的碱激发钛石膏粉煤灰胶凝材料分别用于稳定砂类土、稳定黏质土、稳定粉质土的击实试验与无侧限抗压强度试验结果。

表 5.13　碱激发钛石膏粉煤灰胶凝材料稳定不同土的击实试验与无侧限抗压强度试验结果

稳定土类	最大干密度/（g/cm³）	最佳含水率	龄期/d	试验结果		
				R_C/MPa	C_V	$R_{C0.95}$/MPa
稳定黏质土	1.816	14.17%	7	0.68	3.35%	0.64
			28	1.08	3.13%	1.03
			90	1.31	2.68%	1.25
稳定砂类土	1.812%	13.55%	7	0.82	5.42%	0.75
			28	1.21	5.14%	1.11
			90	1.42	3.89%	1.33
稳定粉质土	1.835%	14.25%	7	0.70	4.21%	0.63
			28	0.93	3.84%	0.87
			90	1.21	3.86%	1.13

由表 5.13 可知，3 类稳定土中稳定粉质土最大干密度最大，最佳含水率最高；当碱激发钛石膏粉煤灰胶凝材料的掺量为 25% 时，稳定黏质土、稳定砂类土、稳定粉质土的 7 d 抗压强度代表值分别为 0.64 MPa、0.75 MPa、0.63 MPa。其中，稳定黏质土可满足二级及以下中、轻交通公路中石灰粉煤灰稳定材料类底基层的强度要求；稳定砂类土可满足二级及以下、高速公路和一级公路重交通公路中石灰粉煤灰稳定材料类底基层的标准强度要求；稳定粉质土可满足二级及以下重交通、高速公路和一级公路中、轻交通公路中石灰粉煤灰稳定材料类底基层的强度要求。

图 5.14 显示了碱激发钛石膏粉煤灰稳定黏质土、稳定粉质土、稳定砂类土在 7 d、28 d、90 d 养护龄期的抗压强度对比。

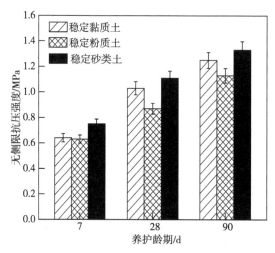

图 5.14 碱激发钛石膏粉煤灰稳定不同土在不同养护期的抗压强度对比
（注：由图 5.14 可知，稳定粉质土的抗压强度略低于稳定黏质土的）

由图 5.14 可知，在 7 d 龄期内，碱激发钛石膏粉煤灰稳定砂类土的抗压强度最大，而稳定粉质土的抗压强度最小。由于随着钛石膏、粉煤灰、水泥的掺入能够调节土样级配，使颗粒间更密实，黏聚力增加，但现阶段粉煤灰活性低，水化产物有限。因此，早期强度主要由土内颗粒间黏聚力与机械咬合力构成，而砂类土内砂粒含量较多，使得稳定砂类土在 7 d 抗压强度高于另外二类稳定土。由图 5.14 可知，在 28~90 d 龄期稳定黏质土和稳定砂类土的抗压强度显著提高，而稳定粉质土的强度提升的相对缓慢。其中，稳定砂类土的 90 d 抗压强度最大，稳定粉质土的最小，这是因为粉质土内黏粒少、活性差[130-131]，不能发挥黏结填充作用，稳定粉质土主要依靠胶凝材料的水化反应且其水化产物有限，导致强度发展缓慢；在稳定砂类土中，黏粒相对较多，活性较高，使得水化产物增多，提高了抗压强度。

（2）劈裂强度

表 5.14 给出了碱激发钛石膏粉煤灰稳定不同土的劈裂试验结果。图 5.15 给出了碱激发钛石膏粉煤灰稳定黏质土、稳定砂类土、稳定粉质土的 7 d、28 d、90 d 劈裂强度的发展变化。

表 5.14　碱激发钛石膏粉煤灰稳定不同土的劈裂试验结果

稳定土类	龄期/d	试验结果		
		R_C/MPa	C_V	$R_{C0.95}$/MPa
稳定黏质土	7	0.04	1.51%	0.04
	28	0.23	3.24%	0.22
	90	0.33	3.68%	0.31
稳定粉质土	7	0.04	1.82%	0.04
	28	0.19	5.94%	0.17
	90	0.23	5.89%	0.21
稳定砂类土	7	0.02	1.82%	0.02
	28	0.14	3.96%	0.13
	90	0.28	4.86%	0.26

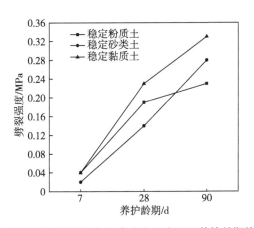

图 5.15　碱激发钛石膏粉煤灰 3 类稳定土在不同养护龄期的劈裂强度

由表 5.14 和图 5.15 可知，3 类稳定土的劈裂强度随着龄期增加而增大。在 7 d 龄期时，碱激发钛石膏粉煤灰胶凝材料稳定黏质土、稳定砂类土、稳定粉质土的劈裂强度较低，代表值分别为 0.04 MPa、0.04 MPa、0.02 MPa。在 28～90 d 时，3 类稳定土试件的劈裂强度随养护龄期增大，稳定黏质土的劈裂强度高于稳定砂类土和稳定粉质土，稳定粉质土的劈裂强度最小，这可说明在 90 d 内稳定黏质土的抗拉性能优于另外二类稳定土的。

从图 5.15 可知，在 28～90 d 时，稳定黏质土、稳定砂类土、稳定粉质土的劈裂强度均显著提高，其中稳定黏质土的 90 d 劈裂强度最大，而稳定粉质土的最小，这主要因为粉质土内黏粒少、活性差[130-131]，不能发挥黏结填充作用；稳定粉质土主要依靠胶凝材料的水化反应且其水化产物有限，导致抗拉性能差，劈裂强度低；在稳定砂类土与稳定黏质土中，黏粒相对较多，活性较高，使得水化产物增多，提高了抗压强度，但稳定砂类土中含有较多砂粒，黏粒含量比黏质土低，限制了其劈裂强度的增长。

（3）弯拉强度

碱激发钛石膏粉煤灰 3 类稳定土的 90 d 弯拉强度试验结果如表 5.15 所示。

表 5.15 碱激发钛石膏粉煤灰 3 类稳定土的 90 d 弯拉强度试验结果

稳定土质	R_C/MPa	C_V	$R_{C0.95}$/MPa
稳定黏质土	0.68	4.72%	0.63
稳定砂类土	0.62	5.78%	0.56
稳定粉质土	0.49	4.86%	0.45

由表 5.15 可知，稳定黏质土、稳定砂类土、稳定粉质土的 90 d 弯拉强度代表值分别为 0.63 MPa、0.56 MPa、0.45 MPa。现根据《公路沥青路面设计规范》（JTG D50—2017）[129] 中无机结合料稳定类材料的 90 d 弯拉强度要求，如表 5.16 所示。由表 5.15 与表 5.16 可知，稳定黏质土的 90 d 弯拉强度代表值为 0.63 MPa，可满足《公路沥青路面设计规范》（JTG D50—2017）[129] 中水泥粉煤灰稳定土和石灰粉煤灰稳定土的弯拉强度要求；稳定粉质土、稳定砂类土的 90 d 弯拉强度代表值分别为 0.45 MPa、0.56 MPa，符合《公路沥青路面设计规范》（JTG D50—2017）[129] 中石灰土的强度要求。

表 5.16 无机结合料稳定类材料的弯拉强度取值范围标准

材料	水泥稳定土、水泥粉煤灰稳定土、石灰粉煤灰稳定土	石灰稳定土
弯拉强度/MPa	0.6～1.0	0.3～0.4

图 5.16 显示了碱激发钛石膏粉煤灰 3 类稳定黏质土、稳定粉质土、稳定砂类土的 90 d 弯拉强度。由图 5.16 可知，稳定黏质土的 90 d 弯拉强度最大，其次为稳定砂类土，稳定粉质土的弯拉强度最小，三者的弯拉强度代表依次值为 0.63 MPa、0.56 MPa、0.45 MPa。这说明碱激发钛石膏粉煤灰稳定黏质土的抗拉性能最好，稳定粉质土的抗拉性能最差。

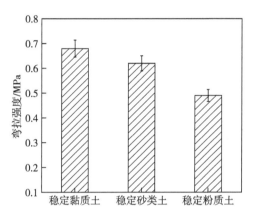

图 5.16 碱激发钛石膏粉煤灰 3 类稳定土的 90 d 弯拉强度

（4）单轴压缩弹性模量

碱激发钛石膏粉煤灰稳定砂类土、稳定粉质土、稳定黏质土的 90 d 单轴压缩弹性模量试验结果如表 5.17 所示。

表 5.17 单轴压缩弹性模量试验结果

稳定土质	单轴压缩弹性模量试验结果		
	E_C/MPa	C_V	$E_{C0.95}$/MPa
稳定粉质土	3254	8.35%	3152
稳定砂类土	3597	8.47%	3397
稳定黏质土	3368	7.53%	3301

注：E_C 为单轴压缩弹性模量的平均值；$E_{C0.95}$ 为单轴压缩弹性模量 95% 保证率。

由表 5.17 可知，稳定砂类土的单轴压缩弹性模量值最大，稳定粉质土的弹性模量最低。这说明稳定砂性土的刚性、硬度最大，且抵抗弹性变形的能力高于另外两类稳定土。

（5）抗冲刷试验

碱激发钛石膏粉煤灰稳定砂类土、稳定黏质土、稳定粉质土的 28 d 龄期抗冲刷试验结果如表 5.18 所示。

表 5.18　3 种碱激发钛石膏粉煤灰稳定土的 28 d 龄期抗冲刷试验结果

稳定土质	冲刷物质量 m_f/g	试件质量 m_0/g	冲刷质量损失率
稳定砂类土	11.8	223.5	4.2%
稳定黏质土	8.8	210.6	3.1%
稳定粉质土	6.7	217.7	5.6%

由表 5.18 可知，在 28 d 龄期时稳定粉质土的冲刷质量损失率最大，稳定黏质土的最小，这表明碱激发钛石膏粉煤灰稳定黏质土的抗冲刷性能最优，稳定粉质土的较差。这是因为在冲刷试验过程中，材料的冲刷破坏是浅表层胶结料和颗粒被拽离引起的，冲刷破坏是受拉破坏而不是受压破坏，冲刷抗力主要依靠是细料之间的黏聚力及粗颗粒上的黏附力[132]，其抗冲刷性能与其表面局部的抗拉强度有密切关系[133-134]。在 3 类稳定土中，稳定黏质土的抗拉性能最好，稳定粉质土的最差。稳定粉质土试件浅表层黏结力较低，使得细颗粒在内部水压冲刷之下脱离混合料形成浆体，顺着空隙或开裂部位渗出，表现较差的抗冲刷性能；稳定砂类土中砂粒多、颗粒较大，虽然稳定砂类土中存在黏粒具有一定的黏结作用，但 28 d 时，土内矿物与胶凝材料的水化产物有限，凝胶物不足，使得其抗冲刷性能优于稳定粉土的，低于稳定黏质土的。

（6）冻融试验

图 5.17 至图 5.19 分别展示了经冻融循环后碱激发钛石膏粉煤灰稳定粉质土、稳定砂类土、稳定黏质土的状况。通过图 5.17 至图 5.19 可知，只有稳定粉质土能满足 5 次的冻融循环试验；稳定砂类土、稳定黏质土分别冻融 3 次、1 次时，二者的质量损失率已超过 5%，需停止冻融循环试验。

冻融循环1次　　　　　　冻融循环3次　　　　　　冻融循环5次

图 5.17　稳定粉质土的冻融循环

冻融循环1次　　　　　　　冻融循环2次　　　　　　　冻融循环3次

图 5.18　稳定砂类土的冻融循环

图 5.19　稳定黏质土的 1 次冻融循环

从图 5.17 可以看到，稳定粉质土试件在第 1 次冻融循环后，试件表面出现起皮，但试件损坏程度尚浅；在经过 3 次冻融循环后，试件表面起皮加重，而且出现了部分剥落、开裂现象；经过 5 次冻融循环后，试件表皮大量脱落，开裂程度加深，但试件仍保持了其完整性。由图 5.18 可知，碱激发钛石膏粉煤灰稳定砂类土在第 1 次冻融循环后，整体尚且完好，中间部位出现土粒脱落的现象；在第 2 次冻融循环后，试件出现裂缝、起皮、剥落现象，但此时仍能保证试件的完整性；在经过第 3 次冻融循环后，试件出现松散、严重剥落现象。从图 5.19 可知，碱激发钛石膏粉煤灰稳定黏质土经第 1 次冻融循环后表皮大量脱落，试件结构松散，表现出较差的抗冻性。

表 5.19 给出了 3 类稳定土试件冻融试验结果，表 5.20 给出了 90 d 碱激发钛石膏 3 类稳定土冻融循环后的 *BDR* 和质量损失率。由表 5.19 可知，3 类稳定土经冻融后，抗压强度均明显降低。由表 5.20 可知，90 d 稳定黏质土试件经 1 次冻融循环后，

试件质量损失率过高，已不能继续进行冻融试验，此时的 BDR 为 34%；稳定砂类土的抗冻性比稳定黏质土的好，经冻融循环 3 次后质量损失率超过 5%，也不能继续进行冻融试验，此时 BDR 为 37%；稳定粉质土冻融循环试验的抗冻性优于稳定黏质土与稳定砂类土的，其 BDR 为 68%，可满足《公路沥青路面设计规范》（JTG D50—2017）[129] 中石灰粉煤灰稳定类材料在中冻区残留抗压强度比为 65% 的抗冻要求。

表 5.19 3 类稳定土试件冻融试验结果

稳定土	冻融次数	冻融试件			对比试件		
		R_{DC} （MPa）	C_V （%）	$R_{DC0.95}$ （MPa）	R_{DC} （MPa）	C_V （%）	$R_{DC0.95}$ （MPa）
稳定砂类土	3	2.07	8.31	1.79	6.23	9.36	5.27
稳定黏质土	1	3.71	7.76	3.24	5.62	7.48	4.93
稳定粉质土	5	2.24	8.42	1.93	5.86	6.54	5.23

表 5.20 90 d 不同稳定土冻融循环后的 BDR 和质量变化率

稳定土	冻融循环次数	BDR	质量损失率
稳定黏质土	1	34%	7.3%
稳定粉质土	5	68%	8.7%
稳定砂类土	3	37%	16.2%

图 5.17 至图 5.19 所出现现象是由于冻融循环作用使无压条件下的土体结构不断被扰动，改变了土颗粒之间的排列和连结，降低了土颗粒间的咬合力和黏聚作用[135]。稳定黏质土、稳定砂类土比稳定粉质土含有更多黏粒，因黏粒对水分子的吸附作用形成结合水膜，加大土粒间的相互作用力、黏滞力及胶结力，但所吸附的水分子也会占据空间，降低土粒间的接触和咬合作用[136]。在稳定粉质土中，粉粒较多，黏粒少，粉粒之间黏结性差[137]。因此，稳定黏质土、稳定砂类土的黏结性优于稳定粉质土的，同时二者密实性比稳定粉质土的高，3 类稳定土试件浸水后，水分在内部积聚，不易排出，导致出现冻胀剥落现象，表现出稳定砂类土与稳定黏质土的抗冻性比稳定粉质土的差。另外，稳定砂类土中含有部分砂粒，形成骨架结构，易透水，密实性比稳定黏质土的低[138]，其抗冻性优于稳定黏质土的。

（7）干缩试验

碱激发钛石膏粉煤灰稳定砂类土、稳定黏质土、稳定粉质土的干缩试验结果如表 5.21 所示。

表 5.21　碱激发钛石膏粉煤灰不同稳定土的干缩试验结果

时间/d	稳定黏质土			稳定粉质土			稳定砂类土		
	总失水率	总干缩量（×10⁻³ mm）	总干缩系数（×10⁻⁶）	总失水率	总干缩量（×10⁻³ mm）	总干缩系数（×10⁻⁶）	总失水率	总干缩量（×10⁻³ mm）	总干缩系数（×10⁻⁶）
1	1.78%	0.8	220.67	1.96%	0.6	222.03	1.87%	0.8	222.60
2	3.65%	1.1	364.46	3.87%	1.4	366.04	3.68%	1.2	367.32
3	5.36%	3.1	385.74	5.50%	3.2	389.79	5.44%	3.1	461.87
4	7.09%	5.2	424.41	7.31%	6.4	425.31	7.12%	5.7	427.27
5	8.89%	7.5	422.97	9.07%	7.8	436.33	8.96%	7.6	432.08
6	10.40%	9.5	457.46	10.73%	8.1	459.04	10.34%	8.7	460.85
7	11.93%	14.4	494.99	12.36%	9.6	525.01	11.75%	11.8	512.89
9	13.47%	15.1	562.45	14.05%	9.8	562.72	13.11%	12.3	515.77
11	14.95%	16.5	551.23	15.65%	10.6	566.05	14.51%	13.4	523.67
13	16.36%	17.1	586.29	17.10%	12.9	592.26	15.87%	14.8	566.18
15	17.58%	18.4	572.88	18.24%	13.9	590.01	17.18%	15.9	568.15
17	18.80%	17.1	605.76	19.35%	15.4	587.95	18.50%	16.0	583.53
19	19.97%	15.8	550.39	20.38%	15.6	572.60	19.79%	15.8	565.91
21	21.06%	18.8	582.27	21.40%	15.9	563.04	20.97%	17.1	582.20
23	22.02%	17.2	561.45	22.32%	16.4	575.36	21.96%	16.6	579.16
25	22.91%	17.4	549.26	23.21%	16.6	569.96	22.88%	16.8	569.78
27	23.78%	18.8	566.17	24.11%	17.1	587.40	23.69%	17.7	588.79
29	24.71%	18.4	562.28	25.03%	18.5	594.49	24.61%	18.7	581.05
60	25.67%	18.7	569.35	26.06%	18.7	598.92	25.53%	18.9	597.34
90	26.43%	18.9	570.68	26.88%	19.1	605.60	26.25%	19.2	602.03

从表 5.21 可看出,稳定黏质土、稳定砂类土、稳定粉质土试件中的失水率在 7 d 内变化显著,可占 90 d 累计失水率的 40% 以上。其中,7 d 内稳定砂类土失水率低于稳定黏质土和稳定粉质土,稳定粉质土的失水率最高。此外,通过表 5.21 中的总干缩量可知,90 d 内稳定粉质土的干缩量最大,而稳定黏质土的干缩量最小。这是因为试件干缩是由于内部水分蒸发,使土中矿物、胶凝物质层间及水化离子等中的层间水蒸发,晶体间距减小,导致体积改变。粉质土具有易失水的特点,使得试件毛细管内水分蒸发加快,内部颗粒表面水膜变薄,间距变小,干缩量增大[139]。

干缩系数反映了试件失水率与干缩量的关系。由图 5.20 可知,稳定粉质土、稳定砂类土、稳定黏质土的干缩系数变化趋势接近,在 7 d 龄期时系数增长较快,7 d 龄期以后系数变化趋于稳定。另外,由图 5.20 可知,在 17~28 d 内干缩系数略有下降,这是稳定土内部钙矾石生成而造成的微膨胀现象,微膨胀对干缩起了补偿作用[140]。通过图 5.20 对 3 类稳定土的比较发现,稳定粉质土的累积干缩系数高于稳定砂类土、稳定黏质土,稳定黏质土的收缩系数最低,这表明稳定黏质土抵抗干缩变形能力最好。

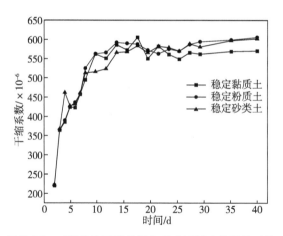

图 5.20 碱激发钛石膏粉煤灰稳定不同土的干缩系数

(8)温缩试验

在 -20~40 ℃碱激发钛石膏粉煤灰稳定砂类土、稳定黏质土、稳定粉质土的温缩试验结果如表 5.22 所示。

表 5.22　碱激发钛石膏粉煤灰稳定土温缩试验结果

温度区间/℃	稳定黏质土		稳定砂类土		稳定粉质土	
	温缩应变 ($\times10^{-6}$%)	温缩系数 ($\times10^{-6}$)	温缩应变 ($\times10^{-6}$%)	温缩系数 ($\times10^{-6}$)	温缩应变 ($\times10^{-6}$%)	温缩系数 ($\times10^{-6}$)
$-20\sim-10$	275.45	28.99	244.65	25.75	273.49	28.79
$-10\sim0$	293.74	28.79	257.46	25.24	289.53	28.39
$0\sim10$	256.52	26.45	233.17	24.04	272.39	28.08
$10\sim20$	229.94	22.99	238.38	23.84	235.99	23.59
$20\sim30$	159.56	15.49	128.86	12.51	209.98	20.38
$30\sim40$	21.41	2.099	8.17	0.806	11.21	1.099

由表 5.22 可知，30~40 ℃ 3 类稳定土的温缩应变与温缩系数大小依次为稳定黏质土、稳定粉质土、稳定砂类土；在 0~30 ℃ 3 类稳定土的温缩应变和温缩系数变化显著；在 -20~0 ℃，3 类稳定土的温缩应变略有降低，温缩系数的变化趋于平缓。图 5.21 给出了碱激发钛石膏粉煤灰 3 类稳定土在不同温度区间的温缩系数。

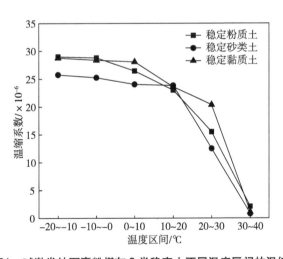

图 5.21　碱激发钛石膏粉煤灰 3 类稳定土不同温度区间的温缩系数

由图可知，3 类稳定土在 -20~40 ℃温缩系数均有所下降。当温度区间在 -20~0 ℃时，3 类稳定土试件的温缩系数变化平缓，其值为 $25\times10^{-6}\sim30\times10^{-6}$，且温缩系数也均最高。其中，稳定砂类土在该温度区间内温缩系数最低，这说明胶凝材料稳定 3 类土中稳定砂类土的抵抗低温收缩能力最优。当温度区间在 0~40 ℃时，3 类稳定土的温缩系数均显著降低，此时温缩系数从大到小依次是稳定黏质土、稳定粉质土、稳定砂类土。通过 3 类稳定土的温缩系数比较发现，稳定黏质土的温缩系数受温度影响最大，稳定粉质土所受影响略低于稳定黏质土，温度对稳定砂类土的影响最小。

5.3　本章小结

首先，本章通过无侧限抗压强度试验分别确定了 10%~30% 碱激发钛石膏粉煤灰胶凝材料稳定黏质土的合理掺量及养护方式；以 5%、10% 掺量胶凝材料用于改良黏质土进行了 CBR 试验。主要结论如下所示。

① 5%、10% 掺量的碱激发钛石膏粉煤灰胶凝材料用于改良黏质土时，与黏质土相比，分别能提升其 CBR 值 40.6%、62.5%，碱激发钛石膏粉煤灰胶凝材料改良黏质土的膨胀量在胶凝材料掺量为 10% 时最高。其中，当胶凝材料掺量为 5% 时，其 CRB 值满足《公路路基设计规范》（JTG D30—2015）[127] 中各等级公路的路堤要求；当胶凝材料掺量为 10% 时，能满足《公路路基设计规范》（JTG D30—2015）[127] 中三级公路、四级公路的上路床、下路床、上路堤、下路堤的 CBR 要求。

②当碱激发钛石膏粉煤灰胶凝材料稳定黏质土中胶凝材料掺量 10%~30% 时，稳定黏质土的抗压强度随着胶凝材料掺量增多而增大。其中，当胶凝材料掺量为 20% 以上时，7 d 抗压强度可满足《公路路面基层施工技术细则》（JTG/T F20—2015）[120] 中二级及以下中、轻等级交通公路的石灰粉煤灰稳定材料类底基层 7 d 无侧限抗压标准强度的要求。

③所采用薄膜养护、湿养护、干湿养护结合、浸水养护 4 种养护方式中，薄膜养护方式最优。采用薄膜养护方式的 7 d、28 d 抗压强度在 4 种养护方式中最大；其次是干湿养护结合的养护方式。其中，28 d 内试件经薄膜养护后浸水 1 d、3 d、5 d 时，抗压强度逐渐降低；7 d 薄膜养护后浸水 3 d、5 d 再进行湿养时，出现开裂现象。

其次，本章通过无侧限抗压强度试验、劈裂强度试验、单轴压缩弹性模量试验、弯拉强度试验、冲刷试验、冻融试验、干缩试验、温缩试验等路用性能试验对钛石膏粉煤灰稳定砂类土、稳定黏质土、稳定粉质土进行了对比，并评价了 3 类稳定土的路用性能，主要结论如下。

①通过比较碱激发钛石膏粉煤灰稳定黏质土、稳定砂类土、稳定粉质土的 7 d、28 d、90 d 抗压强度发现，三类稳定土试件的抗压强度随龄期增大而增大，90 d 内稳定砂类土的抗压强度最大，稳定黏质土的 7 d 抗压强度低于稳定粉质土的。另外，3 类稳定土的

7 d 抗压强度代表值均高于 0.5 MPa，均可满足《公路路面基层施工技术细则》（JTG/T F20—2015）[120] 中二级及以下重交通和高速公路、一级公路中轻交通的石灰粉煤灰稳定材料类公路底基层的 7 d 抗压强度要求。

②对稳定砂类土、稳定粉质土、稳定黏质土进行劈裂试验与弯拉强度试验发现，稳定黏质土的抗弯拉性能是最优的，其次是稳定砂类土，稳定粉质土抗弯拉性能最差。其中，稳定黏质土的 90 d 弯拉强度代表值为 0.63 MPa，能满足《公路沥青路面设计规范》（JTG D50—2017）[129] 中水泥粉煤灰稳定土和石灰粉煤灰稳定土的弯拉强度要求；稳定砂类土、稳定粉质土的 90 d 弯拉强度代表值分别为 0.56 MPa、0.45 MPa，符合《公路沥青路面设计规范》（JTG D50—2017）[129] 中石灰土的强度要求。对稳定砂类土、稳定粉质土、稳定黏质土进行单轴压缩弹性模量试验发现，稳定砂类土的弹性模量最高，稳定粉质土最低。

③对稳定砂类土、稳定粉质土、稳定黏质土进行抗冲刷试验发现，稳定黏质土的质量损失率最小，稳定粉质土的质量损失率最大，表明 28 d 内 3 类稳定土中稳定黏质土的抗冲刷性最好，稳定粉质土的最差。

④对稳定砂类土、稳定粉质土、稳定黏质土进行冻融试验发现，稳定粉质土的抗冻性最优，其 BDR 值为 68%，满足《公路沥青路面设计规范》（JTG D50—2017）[129] 中石灰粉煤灰稳定类材料在中冻区的抗冻要求，而稳定砂类土、稳定黏质土均不满足 5 次冻融循环要求，但稳定砂类土的抗冻性优于稳定黏质土的。

⑤对稳定砂类土、稳定粉质土、稳定黏质土进行干缩试验发现，3 类稳定土在 7 d 龄期内失水率变化显著，干缩系数增长快。其中，稳定粉质土的累积干缩系数高于稳定砂类土、稳定黏质土，而稳定黏质土的干缩系数最低。

⑥对稳定砂类土、稳定粉质土、稳定黏质土进行温缩试验发现，温度变化对稳定黏质土的影响最大，对稳定砂类土的影响最小。另外，当区间温度在 −20 ~ 0 ℃时，3 类稳定土试件的温缩系数最大；在 0 ~ 40 ℃时，3 类稳定土试件的温缩系数显著降低。

第六章 碱激发钛石膏矿渣胶凝材料稳定土

6.1 合理掺量及养护方式

6.1.1 原材料

本章所用钛石膏、矿渣、硅酸钠、氢氧化钠同第三章。

本章所用黄河冲积粉土取自淄博市高青县常家镇开河村村北黄河滩涂，呈灰色，形状如图6.1所示，其化学成分及物理指标分别如表6.1和表6.2所示。

图6.1 粉土

表6.1 粉土化学成分

成分	Na_2O	MgO	Al_2O_3	SiO_2	P_2O_5	SO_3	K_2O	CaO	TiO_2	MnO_2	Fe_2O_3	CO_2
含量	1.76%	1.87%	11.2%	63.7%	0.13%	0.06%	2.60%	6.52%	0.48%	0.05%	3.07%	7.80%

表6.2 粉土物理指标

颗粒成分			击实试验		液限	塑限	塑性指数
≥0.075 mm	0.075~0.005 mm	≤0.005 mm	最大干密度/（g/cm^3）	最佳含水率			
19.4%	75.5%	5.1%	1.895	13.3%	28.2%	19.6%	9.6%

6.1.2 试验方案与方法

（1）试验方案

本部分主要从不同掺量、不同养护方式、不同浸水时间对碱激发钛石膏矿渣胶凝材料稳定粉土用作道路底基层的影响进行研究。参照《公路路面基层施工技术细则》（JTG/T F20—2015）[120] 中推荐水泥粉煤灰稳定土的结合料与被稳定材料间的含量比为30%：70% ~ 10%：90%，本章胶凝材料按第三章确定的合理范围选取 Na_2O 用量为4%，钛石膏掺量为40%，按 5%：95%、10%：90%、15%：85%、20%：80%、25%：75%、30%：70%的胶凝材料与粉土含量比进行稳定粉土的制备。

根据《公路工程无机结合料稳定材料试验规程》（JTG E51—2019）[106] 中 T0805-1994 的要求进行无侧限抗压强度试验、水稳系数试验，通过对比无侧限抗压强度试验结果，确定合理的掺量，掺量方案如表 6.3 所示。模拟施工现场的养护方式，进行薄膜养护、湿气养护，通过对比无侧限抗压强度试验结果，确定合理的养护方式，养护方式方案如表 6.4 所示。根据《公路工程无机结合料稳定材料试验规程》（JTG E51—2019）[106] 中 T0805—1994 的要求进行试件浸水、未浸水无侧限抗压强度试验，确定其水稳定性，水稳系数方案如表 6.5 所示。

表 6.3　胶凝材料稳定粉土掺量方案

组号	胶凝材料		碱性激发剂（水玻璃）		粉土
	钛石膏	矿渣	模数	掺量	
1	2%	3%	1.0	0.2%	95%
2	4%	6%	1.0	0.4%	90%
3	6%	9%	1.0	0.6%	85%
4	8%	12%	1.0	0.8%	80%
5	10%	15%	1.0	1.0%	75%
6	12%	18%	1.0	1.2%	70%
7	—	—	—	—	100%

注：第 7 组为不掺加胶凝材料的原状粉土对照组。

表6.4　胶凝材料稳定粉土养护方案

养护方式	龄期/d	薄膜养护/d	湿气养护/d	浸水/d
A	7	6	—	1
B		—	6	1
A	14	13	—	1
B		—	13	1
A	28	27	—	1
B		—	27	1

注：表中养护方式 A 代表龄期内前期进行薄膜养护，最后 1 天进行浸水养护；养护方式 B 代表龄期内前期进行湿气养护，最后 1 天进行浸水养护。

表6.5　胶凝材料稳定粉土水稳系数方案

养护方式	龄期/d	薄膜养护/d	浸水/d
C	7	7	—
D		6	1
C	14	14	—
D		6	8
C	28	28	–
D		6	22

注：表中养护方式 C 代表龄期内只进行薄膜养护；养护方式 D 代表龄期内前期进行薄膜养护 6 d，后期进行浸水养护。

（2）试验方法

1）碱激发钛石膏矿渣胶凝材料稳定粉土击实试验

依据《公路工程无机结合料稳定材料试验规程》（JTG E51—2009）[106] 中 T0804—1994 甲法预定的配合比进行击实试验，确定每组配合比的最佳含水率和最大干密度。其中，击实筒采用 $\varphi10$ mm×H12.7 mm，锤击层数为 5 层，每层锤击 27 次。

预定含水量制备试样。将每份试料平铺于拌料托盘内，将事先计算得到的该试料中应加的水量均匀地喷洒在试料上，用小铲将试料充分拌和至均匀状态，然后装入密闭容器或塑料口袋内浸润 8 h 备用。混合料中应加的水量如式（6-1）所示。

$$m_w=\left(\frac{m_n}{1+0.01w_n}+\frac{m_c}{1+0.01w_c}\right)\times0.01w-\frac{m_n}{1+0.01w_n}\times0.01w_n-\frac{m_c}{1+0.01w_c}\times0.01w_c。(6-1)$$

式中，m_w 为混合料中应加的水量，g；m_n 为混合料中集料的质量，g，w_n 为其原始含水量为即风干含水量，%；m_c 为混合料中胶凝材料的质量，g；w_c 为其原始含水量，%；w 为预定需达到混合料样的含水量，%。

将击实筒放在坚实地面上，整平其表面并稍加压紧，然后将其安装到多功能自控电动击实仪基座上，用四分法取得 450 g 浸润完成的试料，分 5 次倒入击实筒内，设定每层锤击 27 次，分 5 层进行击实。注意在进行下一层击实前，需用刮土刀将已击实层的表面"拉毛"，重复上述做法直至完成击实。当最后一层试料击实完成后，试料超出击实筒顶的高度应低于 6 mm，若超出高度过高，则试件应作废。

确定试件合格后，用刮土刀沿套环内壁削挖，扭动并取下套环。平齐筒顶细心刮平试样，并拆除底板。最后用工字形刮平尺齐筒顶和筒底将试样刮平。擦净试筒的外壁，称其质量。用脱模器推出筒内试样，从试样内部从上至下取两个有代表性的样品，测定其含水量，计算至 0.1%，击实试验过程如图 6.2 所示。

$$\rho_d = \frac{\rho_w}{1+0.01w}。 \tag{6-2}$$

式中，ρ_d 为试样的干密度，g/cm³；ρ_w 为试样的湿密度，g/cm³；w 为试样的含水量，%。

（a）拌和　　　　　（b）击实　　　　　（c）成型

图 6.2　击实试验

以干密度为纵坐标、含水量为横坐标，绘制含水量-干密度曲线。将试验各点采用二次曲线方法拟合曲线，曲线的峰值点对应的含水量及干密度分别为最佳含水率和最大干密度。

2）成型及养护

根据击实试验结果，将胶凝材料和粉土等平铺于拌料托盘内，按照最佳含水率将

钛石膏基复合胶凝材料
在道路工程中的应用研究

试验用水均匀地喷洒在试料上，用小铲将试料充分拌和均匀，然后装入密闭容器或塑料口袋内浸润 8 h 备用，如图 6.3（a）所示。依据《公路工程无机结合料稳定材料试验规程》（JTG E51—2009）[106] 中 T0843—2009 的试件制作方法（圆柱形），采用万能压力机静压成型（压实度 95%），静压速率为 1 mm/min，制备 φ50 mm×H50 mm 的标准试件，如图 6.3（b）所示。

（a）拌和均匀　　　　　　　（b）静压成型

图 6.3　试件拌和与成型

参考《公路工程无机结合料稳定材料试验规程》（JTG E51—2009）[106] 中 T0845—2009 的养护方法，采用标准养护箱［养护温度（20±2）℃、相对湿度≥95%］内养护，养护方式为薄膜养护、湿气养护。其中，薄膜养护为将试件套在薄膜内放入标准养护箱中，如图 6.4（a）所示；湿气养护为将试件直接置于标准养护箱内，如图 6.4（b）所示。

（a）薄膜养护　　　　　　　（b）湿气养护

图 6.4　试件养护方式

3）无侧限抗压强度试验

依据《公路工程无机结合料稳定材料试验规程》（JTG E51—2009）[106] 中 T0805—1994 的要求进行无侧限抗压强度试验，采用 φ50 mm×H50 mm 试件，试验前试件浸水 24 h，每组试验试件不小于 6 个，每组试验结果的变异系数 C_v 不大于 6%；本试验采用万能压力机进行加压，如图 6.5 所示，记录最大压力值。根据式（6-3）、式（6-4）、式（6-5）分别计算抗压强度的平均值 R_C、抗压强度 95% 保证率的代表值 $R_{C0.95}$ 及变异系数 C_V。

$$R_C = \frac{P}{A},\qquad(6\text{-}3)$$

$$R_{C0.95} = R_C - 1.645S,\qquad(6\text{-}4)$$

$$C_V = \frac{S}{R_C}。\qquad(6\text{-}5)$$

式中，R_C 为试件无侧限抗压强度的平均值，MPa；$R_{C0.95}$ 为无侧限抗压强度 95% 保证率的代表值，MPa；C_V 为变异系数；A 为试件的横截面积，mm^2；S 为标准差。

图 6.5　无侧限抗压强度试验

4）水稳系数试验

采用水稳系数 K_f 表征试件浸水抗压强度与未浸水抗压强度的比值，以评价试件的水稳定性，如式（6-6）所示。

$$K_f = \frac{R_f}{R_0}。\qquad(6\text{-}6)$$

式中，K_f 为水稳系数；R_f 为试件浸水养护的抗压强度，MPa；R_0 为试件未浸水养护的抗压强度，MPa。

6.1.3　试验结果与分析

（1）不同掺量对碱激发钛石膏矿渣胶凝材料稳定粉土击实试验结果的影响

表 6.6 给出了不同掺量下碱激发钛石膏矿渣胶凝材料稳定粉土的击实试验结果。

表 6.6　不同掺量下碱激发钛石膏矿渣胶凝材料稳定粉土的击实试验结果

类型	粉土	胶凝材料掺量					
		5%	10%	15%	20%	25%	30%
压实度		95%					
最大干密度/（g/cm³）	1.895	1.889	1.883	1.862	1.845	1.819	1.797
最佳含水率	13.3%	13.1%	12.8%	12.5%	12.3%	11.7%	11.1%

由表 6.6 可知，与原状粉土相比，胶凝材料稳定粉土的最大干密度随着胶凝材料掺量的增加，从 1.895 g/cm³ 减小到 1.797 g/cm³；最佳含水率从 13.3%降低至 11.1%，即碱激发钛石膏矿渣胶凝材料稳定粉土的最大干密度与最佳含水率随着胶凝材料掺量的增多而减小（降低），这主要是由于胶凝材料的最佳含水率低于原状粉土的最佳含水率，随着胶凝材料掺量增多使得胶凝材料稳定粉土的含水率降低；同样，胶凝材料的最大干密度也低于原状粉土的最大干密度，胶凝材料稳定粉土的最大干密度也会随着其掺量的增多而减小。

（2）不同养护方式对碱激发钛石膏矿渣胶凝材料稳定粉土的影响

表 6.7 给出了不同养护方式下碱激发钛石膏矿渣胶凝材料稳定粉土的无侧限抗压强度试验结果。图 6.6 给出了不同养护条件下胶凝材料稳定粉土的抗压强度。

表 6.7　不同养护方式下碱激发钛石膏矿渣胶凝材料稳定粉土的无侧限抗压强度试验结果

胶凝材料掺量	养护方式	7 d			14 d			28 d		
		R_C/MPa	C_V	$R_{C0.95}$/MPa	R_C/MPa	C_V	$R_{C0.95}$/MPa	R_C/MPa	C_V	$R_{C0.95}$/MPa
0	A				试件浸水后崩解					
	B									
5%	A	2.22	4.81%	2.10	3.47	2.78%	3.31	5.74	2.97%	5.47
	B	1.98	5.07%	1.63	2.95	3.75%	2.82	4.83	2.93%	4.60
10%	A	4.51	3.46%	4.37	6.89	2.85%	6.56	11.47	2.91%	10.92
	B	4.32	4.78%	3.54	6.21	3.88%	5.92	10.15	3.24%	9.66
15%	A	9.02	2.98%	8.58	13.28	2.22%	12.80	17.59	2.48%	16.87
	B	8.23	3.18%	8.07	11.55	3.19%	11.13	15.65	3.52%	15.00
20%	A	15.98	3.49%	15.06	21.19	2.28%	20.40	26.46	3.31%	25.46
	B	14.54	2.93%	13.84	19.05	3.24%	18.35	22.94	3.10%	22.14

续表

胶凝材料掺量	养护方式	7 d			14 d			28 d		
		R_C/MPa	C_V	$R_{C0.95}$/MPa	R_C/MPa	C_V	$R_{C0.95}$/MPa	R_C/MPa	C_V	$R_{C0.95}$/MPa
25%	A	20.94	3.14%	20.20	27.87	2.20%	26.86	35.05	3.29%	33.73
	B	18.70	2.69%	18.18	26.12	4.28%	25.15	31.58	2.49%	30.29
30%	A	17.39	4.07%	17.09	22.57	3.49%	21.64	28.65	2.30%	27.57
	B	16.19	3.52%	15.78	20.24	2.49%	19.41	24.73	3.15%	23.86

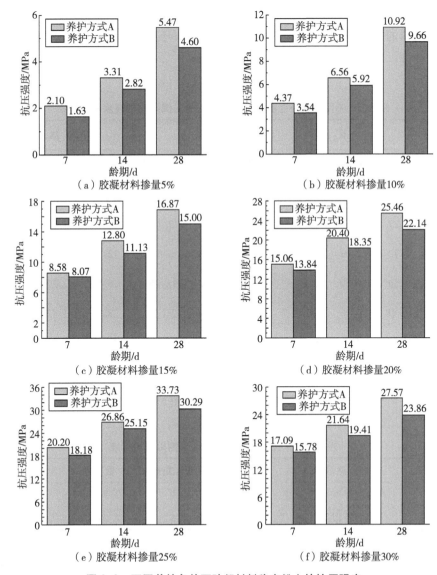

图 6.6　不同养护条件下胶凝材料稳定粉土的抗压强度

结合表6.7和图6.6可知：

①在不同胶凝材料掺量下，7 d、14 d、28 d 胶凝材料稳定粉土，养护方式A（薄膜养护）养护的试件无侧限抗压强度均高于养护方式B（湿气养护）的。

②在不同养护方式下，随着掺量的增加，碱激发钛石膏矿渣胶凝材料稳定粉土的无侧限抗压强度先增高后降低。其中，当掺量为25%时，7 d、14 d、28d 无侧限抗压强度均最高；当掺量为5%时，7 d、14 d、28d 无侧限抗压强度均最低。

（3）不同掺量对碱激发钛石膏矿渣胶凝材料稳定粉土的影响

表6.8给出了不同掺量下胶凝材料稳定粉土的无侧限抗压强度试验结果。表6.9为水泥稳定材料的7 d无侧限强度标准。图6.7给出了不同胶凝材料掺量下稳定粉土的无侧限抗压强度。

表6.8 不同掺量下胶凝材料稳定粉土的无侧限抗压强度试验结果

胶凝材料掺量	7 d			14 d			28 d		
	R_C/MPa	C_V	$R_{C0.95}$/MPa	R_C/MPa	C_V	$R_{C0.95}$/MPa	R_C/MPa	C_V	$R_{C0.95}$/MPa
0	试件浸水后崩解								
5%	2.77	3.05%	2.41	3.96	3.29%	3.72	6.49	3.71%	6.26
10%	4.72	4.24%	4.49	7.05	3.62%	6.83	12.53	2.84%	12.31
15%	9.56	3.63%	9.27	13.41	3.21%	13.25	18.91	2.32%	18.62
20%	16.58	3.03%	15.58	22.47	4.15%	21.34	28.11	3.42%	27.40
25%	20.63	3.44%	20.29	28.53	3.39%	27.73	34.82	2.77%	34.71
30%	17.02	2.91%	16.87	24.34	2.21%	24.13	27.49	2.85%	27.29

注：表中养护方式为标准养护，即龄期内前期采用薄膜养护，最后1天采用浸水。

表6.9 水泥稳定材料的7 d无侧限强度标准　　　　单位：MPa

结构层	公路等级	极重、特重交通	重交通	中、轻交通
底基层	高速公路和一级公路	3.0~5.0	2.5~4.5	2.0~4.0
	二级及以下公路	2.5~4.5	2.0~4.0	1.0~3.0

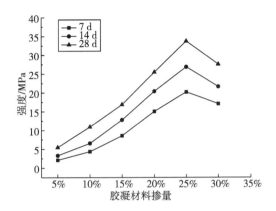

图 6.7　不同胶凝材料掺量下稳定粉土的无侧限抗压强度

由表 6.8、表 6.9 和图 6.7 可知：

①胶凝材料稳定粉土无侧限抗压强度随胶凝材料掺量增多先增大后降低。

②胶凝材料掺量为 5% 时，其胶凝材料稳定粉土的 7 d、14 d、28 d 无侧限抗压强度最低，代表值分别为 2.41 MPa、3.72 MPa、6.26 MPa；7~14 d 抗压强度增长率为 54.4%，14~28 d 抗压强度增长率为 68.3%，其 7 d 抗压强度代表值可达到《公路路基设计规范》（JTG D30—2015）[127] 中重交通的二级及以下公路或轻交通的高速公路和一级公路水泥稳定材料公路底基层无侧限抗压强度标准。

③胶凝材料掺量为 25% 时，其试件的 7 d、14 d、28 d 抗压强度最高，代表值分别为 20.29 MPa、27.73 MPa、34.71 MPa；7~14 d 抗压强度增长率为 36.7%，14~28 d 抗压强度增长率为 25.2%；其 7 d 抗压强度代表值远超《公路路基设计规范》（JTG D30—2015）[127] 中极重、特重交通的高速公路和一级公路水泥稳定材料公路底基层无侧限抗压强度指标。

④胶凝材料掺量为 10% 时，其试件的 7 d、14 d、28 d 抗压强度代表值分别为 4.49 MPa、6.83 MPa、12.31 MPa；7~14 d 抗压强度增长率为 52.1%，14~28 d 抗压强度增长率为 80.2%；其 7 d 抗压强度代表值可达到《公路路基设计规范》（JTG D30—2015）[127] 中极重、特重交通的高速公路和一级公路水泥稳定材料公路底基层无侧限抗压强度标准。

（4）不同浸水时间对碱激发钛石膏矿渣胶凝材料稳定粉土的影响

表 6.10 给出了不同浸水时间下胶凝材料稳定粉土的无侧限抗压强度试验结果。

表 6.10   不同浸水时间下胶凝材料稳定粉土的无侧限抗压强度试验结果

胶凝材料 掺量	养护 方式	7 d			14 d			28 d		
		R_C/MPa	C_V	$R_{C0.95}$/MPa	R_C/MPa	C_V	$R_{C0.95}$/MPa	R_C/MPa	C_V	$R_{C0.95}$/MPa
0	C	试件浸水后崩解								
	D									
5%	C	2.65	4.55%	2.53	5.88	3.24%	5.57	9.86	2.70%	9.42
	D	2.36	3.29%	1.97	4.32	2.17%	4.12	6.97	2.29%	6.88
10%	C	5.43	3.19%	5.25	10.01	2.11%	9.67	17.30	2.57%	16.57
	D	4.87	3.81%	4.40	8.16	3.29%	7.93	13.60	3.31%	13.42
15%	C	10.73	2.31%	10.33	16.42	2.55%	15.73	23.02	2.44%	22.09
	D	9.16	3.42%	8.99	13.49	3.23%	13.37	18.23	3.81%	18.11
20%	C	16.91	1.30%	16.54	23.57	2.22%	22.71	31.01	2.23%	29.87
	D	15.62	2.52%	15.55	20.33	3.25%	20.21	25.42	3.85%	25.39
25%	C	22.30	1.64%	21.70	30.69	2.82%	29.26	37.90	2.54%	36.31
	D	20.94	2.35%	20.83	27.96	3.43%	27.80	33.67	2.47%	33.41
30%	C	19.95	1.44%	19.48	26.73	2.15%	28.78	32.43	2.29%	31.21
	D	18.11	2.29%	17.92	26.08	3.12%	25.90	27.32	2.82%	27.15

图 6.8 为不同浸水时间下稳定粉土的无侧限抗压强度。

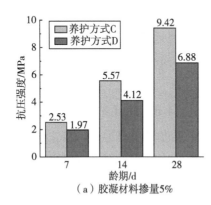

（a）胶凝材料掺量5%

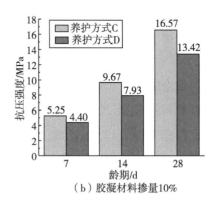

（b）胶凝材料掺量10%

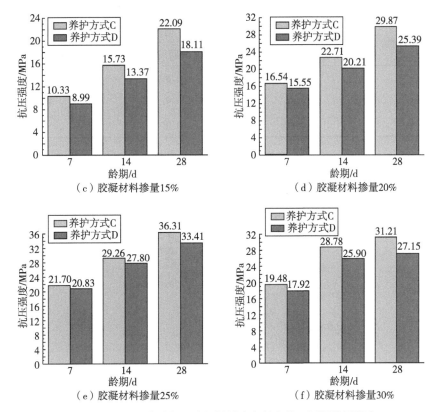

图 6.8　不同浸水时间下胶凝材料稳定粉土的无侧限抗压强度

由表 6.10 和图 6.8 可知，7 d、14 d、28 d 龄期未浸水试件（养护方式 C）的抗压强度明显高于浸水（养护方式 D）试件的抗压强度，而且抗压强度随着胶凝材料掺量的增多先增大后减小，随着浸水时间的增长而增大。

表 6.11 为不同浸水时间下胶凝材料稳定粉土的水稳系数结果。

表 6.11　不同浸水时间下胶凝材料稳定粉土的水稳系数结果

胶凝材料掺量	时间		
	7 d 龄期浸水 1 d	14 d 龄期浸水 8 d	28 d 龄期浸水 22 d
0	—	—	—
5%	0.78	0.74	0.73
10%	0.84	0.82	0.81
15%	0.87	0.85	0.82

续表

胶凝材料掺量	时间		
	7 d 龄期浸水 1 d	14 d 龄期浸水 8 d	28 d 龄期浸水 22 d
20%	0.92	0.89	0.85
25%	0.96	0.92	0.89
30%	0.94	0.90	0.87

图 6.9 为不同浸水时间下稳定粉土的水稳系数。

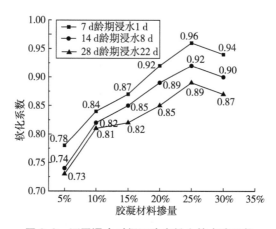

图 6.9　不同浸水时间下稳定粉土的水稳系数

由表 6.11 和图 6.9 可知：

①胶凝材料稳定粉土的水稳系数随浸水时间的增长而减小，随胶凝材料掺量增多先增大后减少。

②在薄膜养护 6 d 浸水 1 d、8 d、22 d 后，水稳系数最高值均在胶凝材料掺量为 25%时出现，分别为 0.96、0.92、0.89；水稳系数最低值均在胶凝材料掺量为 5%时出现，分别为 0.78、0.74、0.73。

③在薄膜养护 6 d 浸水 1 d、8 d、22 d 后，胶凝材料稳定粉土试件水稳系数均不小于 0.73。

6.2 路用性能

6.2.1 原材料

本部分所用钛石膏、矿渣、硅酸钠、氢氧化钠同第三章；所用粉土同 5.1。

6.2.2 试验方案与方法

（1）试验方案

本部分以碱激发钛石膏矿渣胶凝材料掺量为 10% 进行强度试验（包括无侧限抗压强度试验、间接抗拉强度试验、弯拉强度试验、单轴压缩弹性模量试验）和稳定性试验（包括抗冲刷试验、冻融试验、干缩试验、温缩试验），对碱激发钛石膏矿渣赤泥胶凝材料稳定粉土用作道路底基层进行路用性能评价。胶凝材料稳定粉土用作底基层方案如表 6.12 所示。

表 6.12　胶凝材料稳定粉土用作底基层方案

胶凝材料	激发剂（外掺）	配合比	养生方式
$m(钛石膏):m(矿渣)=4:6$	水玻璃（4%）	$w(胶凝材料):w(粉土)=10\%:90\%$	标准养护

（2）试验方法

本部分无侧限抗压强度试验、试件制作方法均与 6.1 相同，劈裂强度试验、弯拉强度试验、单轴压缩弹性模量试验、抗冲刷试验、冻融试验、干缩试验、温缩试验方法同 5.2.2。养护方式采用标准养护，即龄期内前期进行薄膜养护，最后 1 天采用浸水养护。

6.2.3 试验结果与分析

（1）无侧限抗压强度试验

表 6.13 为碱激发钛石膏矿渣胶凝材料稳定粉土的无侧限抗压强度试验结果。

表 6.13　碱激发钛石膏矿渣胶凝材料稳定粉土的无侧限抗压强度试验结果

龄期/d	R_C/MPa	C_V	$R_{C0.95}$/MPa
7	4.51	3.46%	4.37
28	11.47	2.91%	10.92
90	12.44	2.27%	11.97

由表 6.13 可知，碱激发钛石膏矿渣胶凝材料稳定粉土的无侧限抗压强度随着龄期增加而增大。其中，7~28 d 强度增长迅速，增长率高达 149.9%；28~90 d 强度增长缓慢，增长率仅为 9.6%。

当碱激发钛石膏矿渣胶凝材料掺量为 10% 时，其 7 d 抗压强度代表值为 4.37 MPa，可达到《公路路面基层施工技术细则》（JTG/T F20—2015）[120] 中极重、特重交通的高速公路和一级公路水泥稳定材料公路底基层无侧限抗压强度指标，如表 6.14 所示。这是因为碱激发钛石膏矿渣胶凝材料的掺入能够更好地调节粉土颗粒级配，使颗粒间变得更密实，黏结力增加，进而提高其无侧限抗压强度。

表 6.14　无机结合料稳定材料底基层 7 d 龄期无侧限强度标准　　　　单位：MPa

结构层	公路等级	极重、特重交通	重交通	中、轻交通
石灰粉煤灰稳定材料	高速公路和一级公路	≥0.8	≥0.7	≥0.6
	二级及二级以下公路	≥0.7	≥0.6	≥0.5
水泥稳定材料	高速公路和一级公路	3.0~5.0	2.5~4.5	2.0~4.0
	二级及二级以下公路	2.5~4.5	2.0~4.0	1.0~3.0

（2）劈裂强度试验

表 6.15 给出了碱激发钛石膏矿渣胶凝材料稳定粉土的间接抗拉强度试验（劈裂试验）结果。

表 6.15　碱激发钛石膏胶凝材料稳定粉土的间接抗拉强度试验结果

龄期/d	R_C/MPa	C_V	$R_{C0.95}$/MPa
7	0.69	4.45%	0.64
28	0.83	3.78%	0.78
90	1.08	3.89%	1.01

由表 6.15 可知，碱激发钛石膏矿渣胶凝材料稳定粉土的劈裂强度随着龄期增长而增大。其中，7~28 d 强度增长率为 21.9%，28~90 d 强度增长率为 29.5%。

（3）弯拉强度试验

表 6.16 给出了碱激发钛石膏矿渣胶凝材料稳定粉土的 90 d 弯拉强度试验结果。

表 6.16 碱激发钛石膏矿渣胶凝材料稳定粉土的 90 d 弯拉强度试验结果

组别	R_C/MPa	C_V	$R_{C0.95}$/MPa
实验组	0.87	4.03%	0.81

由表 6.16 可知，碱激发钛石膏矿渣稳定粉土的 90 d 弯拉强度代表值为 0.81 MPa。

依据表 6.17 可知，碱激发钛石膏矿渣稳定粉土可达到《公路沥青路面设计规范》（JTG D50—2017）[129] 中水泥稳定土、水泥粉煤灰稳定土、石灰粉灰稳定土的弯拉强度标准。

表 6.17 无机结合料稳定类材料弯拉强度取值范围标准

材料	水泥稳定土、水泥粉煤灰稳定土、石灰粉煤灰稳定土	石灰稳定土
弯拉强度/MPa	0.6~1.0	0.3~0.7

（4）单轴压缩弹性模量试验

表 6.18 给出了碱激发钛石膏矿渣胶凝材料稳定粉土的 90 d 单轴压缩弹性模量试验结果。

表 6.18 碱激发钛石膏矿渣胶凝材料稳定粉土的 90 d 单轴压缩弹性模量试验结果

组别	R_C/MPa	C_V	$R_{C0.95}$/MPa
实验组	7030	6.27%	6304

由表 6.18 和表 6.19 可知，碱激发钛石膏矿渣胶凝材料稳定粉土的 90 d 单轴压缩弹性模量代表值为 6304 MPa，可达到《公路沥青路面设计规范》（JTG D50—2017）[129] 中水泥稳定土的弹性模量标准。

表 6.19　无机结合料稳定类材料弹性模量取值范围标准

材料	水泥稳定土、水泥粉煤灰稳定土、石灰粉煤灰稳定土	石灰稳定土
弹性模量	5000～7000	3000～5000

（5）抗冲刷试验

表 6.20 给出了碱激发钛石膏矿渣胶凝材料稳定粉土的抗冲刷试验结果。

表 6.20　碱激发钛石膏矿渣胶凝材料稳定粉土的抗冲刷（28 d）试验结果

组别	冲刷质量损失 R_c	C_V	冲刷质量损失率 P
实验组	3.7%	6.54%	3.2%

由表 6.20 可知，在 28 d 龄期时碱激发钛石膏矿渣胶凝材料稳定粉土的冲刷质量损失率为 3.2%。

（6）冻融试验

由图 6.10 可以看到，碱激发钛石膏矿渣胶凝材料稳定粉土试件经过 5 次冻融循环后，仍保持较好完整性，损坏程度尚浅，未出现剥落、开裂现象。

5次冻融循环前　　　　　　　　　5次冻融循环后

图 6.10　碱激发钛石膏矿渣胶凝材料稳定粉土的冻融循环试验

表 6.21 给出了碱激发钛石膏矿渣胶凝材料稳定粉土试件的冻融试验前后抗压强度试验结果。

表 6.21　碱激发钛石膏矿渣胶凝材料稳定粉土试件的冻融试验前后抗压强度试验结果

组别	冻融次数	冻融试件			对比试件		
		R_{DC}/MPa	C_V	$R_{DC0.95}$/MPa	R_{DC}/MPa	C_V	$R_{DC0.95}$/MPa
实验组	5	9.04	2.41%	8.68	11.46	2.56%	10.98

由表 6.21 可知，碱激发钛石膏矿渣胶凝材料稳定粉土试件经冻融循环 5 次后，抗压强度有所降低（冻融试验前，碱激发钛石膏矿渣胶凝材料稳定粉土无侧限抗压强度代表值为 10.98 MPa；经过 5 次冻融循环，碱激发钛石膏矿渣胶凝材料稳定粉土无侧限抗压强度代表值为 8.68 MPa）。

表 6.22 给出了碱激发钛石膏矿渣胶凝材料稳定粉土冻融循环后的 BDR 和质量损失率。

表 6.22　碱激发钛石膏矿渣胶凝材料稳定粉土冻融循环后的 BDR 和质量损失率

组别	冻融循环次数	BDR	质量损失率
实验组	5	79.14%	4.2%

由表 6.22 可知，碱激发钛石膏矿渣胶凝材料稳定粉土在冻融循环后，其 BDR 值为 79.14%，质量损失率为 4.2%。

由表 6.23 可知，碱激发钛石膏矿渣胶凝材料稳定粉土在冻融循环后，其 BDR 值可达到《公路沥青路面设计规范》（JTG D50—2017）[129] 中石灰粉煤灰稳定类材料在重冻区残留抗压耐腐蚀系数的要求。

表 6.23　石灰粉煤灰稳定类材料抗冻性能技术要求

气候区	重冻区	中冻区
残留抗压耐腐蚀系数	≥70%	≥65%

（7）干缩试验

表 6.24 给出了碱激发钛石膏矿渣胶凝材料稳定粉土的干缩试验结果。

表 6.24　碱激发钛石膏矿渣胶凝材料稳定粉土的干缩试验结果

时间/d	累计失水率	总干缩量（×10⁻³ mm）	总干缩系数（×10⁻⁶）
1	1.13%	2.4	212.39
2	1.67%	4.5	229.75
3	2.50%	7.3	247.10
4	3.33%	9.7	264.46
5	4.16%	12.1	281.81
6	5.00%	14.5	299.17
7	5.83%	16.9	316.52
9	6.05%	20.2	333.88
11	6.26%	23.5	375.40
13	6.48%	26.8	413.58
15	6.70%	30.1	449.25
17	6.75%	30.8	456.30
19	6.81%	31.5	462.56
21	6.86%	32.2	469.39
23	6.91%	33.0	477.57
25	6.96%	33.7	484.20
27	7.02%	34.4	490.03
29	7.07%	35.1	496.46
60	7.32%	36.4	497.27
90	7.57%	37.6	496.70

从表 6.24 可以看出，稳定粉土试件中的失水率在 7 d 内变化显著。其中，碱激发钛石膏矿渣胶凝材料稳定粉土 7 d 内累计失水率可占 90 d 累计失水率的 77.0%。

干缩系数可以表征试件失水率与干缩量的关系。从表 6.23 可知，碱激发钛石膏矿渣胶凝材料稳定粉土，在 1~15 d 内干缩系数增长较快，15~29 d 内干缩系数增长变缓，29 d 后干缩系数趋于稳定。

（8）温缩试验

在 −20~40 ℃范围内碱激发钛石膏矿渣胶凝材料稳定粉土的温缩试验结果如表 6.25 所示。

表 6.25　不同温度区间下碱激发钛石膏矿渣胶凝材料稳定粉土的温缩试验结果

温度区间/℃	实验组	
	温缩应变（×10⁻⁶）	温缩系数（×10⁻⁶）
−20~−10	165.87	17.46
−10~0	177.45	17.40
0~10	168.32	17.35
10~20	144.58	14.45
20~30	121.64	11.81
30~40	5.68	0.74

由表 6.25 可知，在 −20~0 ℃时，碱激发钛石膏矿渣胶凝材料稳定粉土试件的温缩系数变化平缓，温缩系数在 $165×10^{-6}~178×10^{-6}$；在 0~30 ℃时，碱激发钛石膏矿渣胶凝材料稳定粉土试件的温缩系数有所降低；在 30~40 ℃时，碱激发钛石膏矿渣胶凝材料稳定粉土试件的温缩系数显著降低。

6.3　盐侵蚀性能

6.3.1　原材料

本部分所用钛石膏、矿渣、硅酸钠、氢氧化钠同第三章；所用粉土同 5.1。

①氯化钠：购自烟台市双双化工有限公司，AR 分析纯，分子式为 NaCl，含量≥99.5%。

②硫酸钠：购自天津博迪化工股份有限公司，AR 分析纯，分子式为 Na_2SO_4，含量≥99.0%。

6.3.2　试验方案与方法

（1）试验方案

自然环境下盐渍土壤盐分主要成分是 NaCl、Na_2SO_4，其中土壤中阳离子含量以 Na^+ 最高，约占 70% 以上；阴离子含量以 Cl^- 最高，其次是 SO_4^{2-}。依据黄河冲积平原典型盐渍地区土壤表层的 Na^+、Cl^-、SO_4^{2-} 含量（采用滴定法进行测定离子），分别配制摩尔分数为 1.65% 的 NaCl 溶液和 0.95% 的 Na_2SO_4 溶液，作为单盐侵蚀溶液的基准浓度，在实验室模拟的盐渍环境下进行单盐侵蚀试验和复合盐侵蚀试验。本章试验中固定胶凝材料[w(钛石膏)：w(矿渣)＝40%：60%]、外掺激发剂（水玻璃模数1.0，掺量4%）、掺量[w(胶凝材料)：w(粉土)＝10%：90%]，进行强度试验（包括无侧限抗压强度试验、劈裂试验、弯拉强度试验），以探究在盐渍环境下碱激发钛石膏矿渣赤泥胶凝材料稳定粉土用作底基层的盐侵蚀性能，模拟盐渍环境侵蚀试验方案如表6.26所示。

表6.26　模拟盐渍环境侵蚀试验方案

组别	溶液环境	备注
1	清水	对照组
2	1.65%NaCl	单盐基准浓度
3	8.25%NaCl	5倍单盐浓度
4	16.5%NaCl	10倍单盐浓度
5	0.95%Na_2SO_4	单盐基准浓度
6	4.75%Na_2SO_4	5倍单盐浓度
7	9.50%Na_2SO_4	10倍单盐浓度
8	1.65%NaCl＋0.95%Na_2SO_4	复合盐基准浓度
9	8.25%NaCl＋4.75%Na_2SO_4	5倍复合盐浓度
10	16.50%NaCl＋9.50%Na_2SO_4	10倍复合盐浓度

（2）试验方法

本章试件制作方法、实验方法同第四章，试件的侵蚀方式为龄期内先在标准养护箱进行6 d薄膜养护，然后进行盐溶液浸泡，盐侵蚀方案如表6.27所示。此外，为保证实验过程中溶液浓度稳定，可在溶液表面覆盖薄膜，并每隔7 d更换一次溶液（图6.11）。

表6.27　盐侵蚀方案

时间/d	薄膜养护/d	清水浸泡/d	盐溶液浸泡/d
14	6	8	—
	6	—	8
28	6	22	—
	6	—	22

图 6.11　模拟盐渍环境侵蚀

6.3.3　试验结果与分析

（1）无侧限抗压强度试验

表 6.28 和图 6.12 给出了盐渍环境下碱激发钛石膏矿渣胶凝材料稳定粉土的无侧限抗压强度试验结果。

表 6.28　盐渍环境下碱激发钛石膏矿渣胶凝材料稳定粉土的无侧限抗压强度试验结果

组别	薄膜养护 6 d 浸泡 8 d				薄膜养护 6 d 浸泡 22 d			
	R_c/MPa	C_V	$R_{C0.95}$/MPa	耐腐蚀系数	R_c/MPa	C_V	$R_{C0.95}$/MPa	耐腐蚀系数
1	8.08	3.11%	7.66	1.00	11.26	2.79%	11.20	1.00
2	8.82	3.06%	8.37	1.09	10.24	1.97%	11.85	1.06
3	8.44	2.92%	8.03	1.05	12.91	1.31%	12.05	1.08
4	7.62	2.64%	7.28	0.95	8.38	1.58%	10.11	0.90
5	6.38	2.71%	7.16	0.94	12.86	2.05%	11.10	0.99
6	7.49	3.72%	6.45	0.84	9.58	2.13%	9.24	0.83
7	7.37	2.68%	6.09	0.80	6.48	2.37%	6.23	0.56
8	5.67	2.34%	6.41	0.84	7.55	1.87%	8.77	0.78
9	8.09	3.54%	7.61	0.99	12.37	1.31%	10.96	0.98
10	6.36	3.31%	6.02	0.79	5.33	2.15%	6.10	0.55

注：表中耐腐蚀系数即试件浸泡盐溶液后的强度与试件浸泡清水后的强度之比。

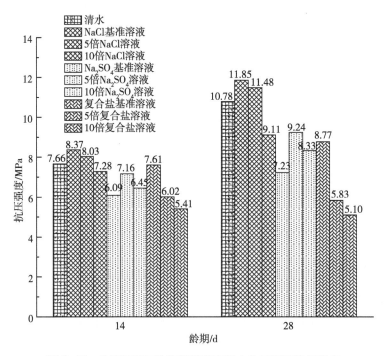

图 6.12　盐渍环境下胶凝材料稳定粉土的无侧限抗压强度

由表 6.28 和图 6.12 可知：

①浸泡 8 d 后，稳定粉土抗压强度最大值出现在第 2 组（NaCl 单盐基准溶液），其代表值为 8.37 MPa，耐腐蚀系数为 1.09；浸泡 22 d 后，稳定粉土抗压强度最大值出现在 3 组（5 倍 NaCl 单盐溶液），其代表值为 12.05 MPa，耐腐蚀系数为 1.08；浸泡 8 d、22 d 后，稳定粉土抗压强度最小值均出现在第 10 组（10 倍复合盐浓度），其代表值分别为 6.02 MPa、6.10 MPa，耐腐蚀系数分别为 0.79、0.55。

②随着盐溶液浓度的增大，在 NaCl 单盐溶液中，稳定粉土浸泡 8 d 后抗压强度持续减小，浸泡 22 d 后抗压强度先增大后减小；在 Na_2SO_4 单盐溶液中，稳定粉土浸泡 8 d、22 d 抗压强度持续减小；在复合盐溶液中，稳定粉土浸泡 8 d、22 d 抗压强度先增大后减小。

③与清水浸泡相比，在 NaCl 溶液中，基准溶液和 5 倍 NaCl 溶液浸泡 8 d、22 d 对稳定粉土抗压强度具有增强作用，10 倍 NaCl 溶液浸泡 8 d、22 d 对抗压强度有削弱作用；在 Na_2SO_4 溶液中，单盐基准溶液、5 倍 Na_2SO_4 溶液和 10 倍 Na_2SO_4 溶液浸泡 8 d、22 d 均对稳定粉土抗压强度有削弱作用；在复合盐溶液中，复合盐基准溶液和 10 倍复

合盐溶液浸泡 8 d、22 d 对稳定粉土抗压强度有削弱作用，经 5 倍复合盐溶液浸泡 8 d、22 d 对抗压强度有增强作用。

④类比《用于耐腐蚀水泥制品的碱矿渣粉煤灰混凝土》（GB/T 29423—2012）中附录 B 耐盐腐蚀性能试验方法和评定规则（混凝土试件法）的评定指标可知，经盐溶液浸泡 8 d 后，各组耐腐蚀系数均不小于 0.75，即耐盐侵蚀性能合格；经盐溶液浸泡 22 d 后，除 10 倍 Na_2SO_4 单盐溶液和 10 倍复合盐溶液外，其余各组耐腐蚀系数均不小于 0.75，即耐盐侵蚀性能合格。

（2）劈裂强度试验

表 6.29 和图 6.13 给出了模拟盐渍环境下钛石膏矿渣胶凝材料稳定粉土的间接抗拉强度试验（劈裂试验）结果。

表 6.29　盐渍环境下胶凝材料稳定粉土的间接抗拉强度试验结果

组别	薄膜养护 6 d 浸泡 8 d				薄膜养护 6 d 浸泡 22 d			
	R_c/MPa	C_V	$R_{C0.95}$/MPa	耐腐蚀系数	R_c/MPa	C_V	$R_{C0.95}$/MPa	耐腐蚀系数
1	0.69	4.45%	0.64	1.00	0.81	3.64%	0.76	1.00
2	0.76	3.10%	0.68	1.06	0.84	3.78%	0.74	0.97
3	0.72	4.09%	0.63	0.98	0.85	2.73%	0.77	1.01
4	0.65	4.53%	0.56	0.88	0.71	2.50%	0.65	0.86
5	0.55	4.08%	0.49	0.77	0.79	3.50%	0.70	0.92
6	0.64	3.39%	0.57	0.89	0.66	3.13%	0.59	0.78
7	0.59	4.39%	0.50	0.78	0.45	3.89%	0.40	0.53
8	0.57	3.99%	0.52	0.83	0.62	3.50%	0.59	0.78
9	0.69	4.41%	0.59	0.92	0.77	3.08%	0.69	0.91
10	0.55	3.81%	0.48	0.75	0.43	2.88%	0.39	0.51

由表 6.29 和图 6.13 可知：

①浸泡 8 d 后，稳定粉土劈裂强度最大值出现在第 2 组（NaCl 单盐基准溶液），其代表值为 0.68 MPa，耐腐蚀系数为 1.06；浸泡 22 d 后，稳定粉土劈裂强度最大值出现在 3 组（NaCl 单盐 5 倍溶液），其代表值为 0.77 MPa，耐腐蚀系数为 1.01；浸泡 8 d、22 d 后，稳定粉土劈裂强度最小值均出现在第 10 组（10 倍复合盐溶液），其代表值分

别为 0.48 MPa、0.39 MPa，耐腐蚀系数分别为 0.75、0.51。

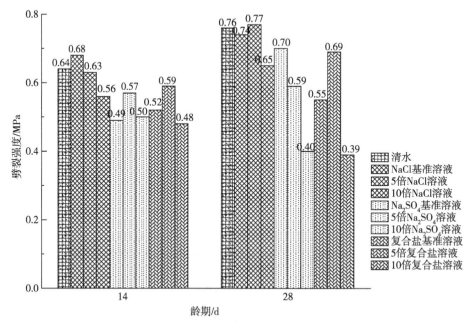

图 6.13　胶凝材料稳定粉土的劈裂强度

②随着溶液浓度的增大，在 NaCl 溶液中，稳定粉土浸泡 8 d 后劈裂强度持续减小，稳定粉土浸泡 22 d 后劈裂强度先增大后减小；在 Na_2SO_4 溶液中，稳定粉土浸泡 8 d 后劈裂强度先增大后减小，稳定粉土浸泡 22 d 后劈裂强度持续减小；在复合盐溶液中，稳定粉土浸泡 8 d、22 d 后劈裂强度均先增大后减小。

③与清水浸泡相比，在 NaCl 溶液中，经单盐基准溶液浸泡 8 d 对稳定粉土劈裂强度有增强作用，经 5 倍单盐溶液浸泡 22 d 对稳定粉土劈裂强度有增强作用；在 Na_2SO_4 基准溶液中，经单盐基准溶液、5 倍的单盐溶液和 10 倍单盐溶液浸泡 8 d、22 d 均对稳定粉土劈裂强度有削弱作用；在复合盐溶液中，经复合盐基准溶液、5 倍复合盐溶液、10 倍复合盐溶液浸泡 8 d、22 d 均对稳定粉土劈裂强度有削弱作用。

④类比《用于耐腐蚀水泥制品的碱矿渣粉煤灰混凝土》（GB/T 29423—2012）中附录 B 耐盐腐蚀性能试验方法和评定规则（混凝土试件法）的评定指标可知，经盐溶液浸泡 8 d 后，各组耐腐蚀系数均不小于 0.75，即耐盐侵蚀性能合格；经盐溶液浸泡 22 d 后，除 10 倍 Na_2SO_4 单盐溶液和 10 倍复合盐溶液外，其余组耐腐蚀系数均不小于 0.75，即其余组的耐盐侵蚀性能合格。

（3）弯拉强度试验

表 6.30 和图 6.14 给出了模拟盐渍环境下钛石膏矿渣胶凝材料稳定粉土的弯拉强度试验结果。

表 6.30　模拟盐渍环境下钛石膏矿渣稳定粉土的弯拉强度试验结果

组别	28 d			
	R_C/MPa	C_V	$R_{C0.95}$/MPa	耐腐蚀系数
1	0.94	4.98%	0.75	1.00
2	0.98	3.67%	0.76	1.01
3	0.99	3.16%	0.78	1.04
4	0.83	3.29%	0.66	0.88
5	0.92	4.59%	0.72	0.96
6	0.77	3.17%	0.60	0.80
7	0.52	4.91%	0.40	0.53
8	0.73	4.58%	0.58	0.77
9	0.90	4.68%	0.66	0.88
10	0.51	4.30%	0.37	0.51

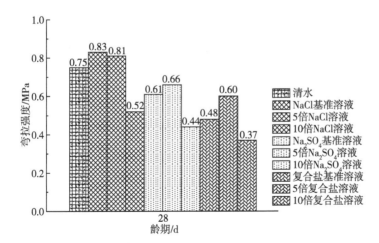

图 6.14　28 d 龄期模拟盐渍环境下钛石膏矿渣胶凝材料稳定粉土的弯拉强度

由表 6.30 和图 6.14 可知：

①浸泡 22 d 后，稳定粉土弯拉强度最大值出现在第 3 组（NaCl 单盐 5 倍溶液），

其代表值为 0.78 MPa，耐腐蚀系数为 1.04；浸泡 22 d 后，稳定粉土弯拉强度最小值出现在第 10 组（复合盐 10 倍浓度），其代表值为 0.37 MPa，耐腐蚀系数为 0.51。

②随着溶液浓度增大，在 NaCl 溶液中，稳定粉土浸泡 22 d 后弯拉强度先增大后减小；在 Na_2SO_4 溶液中，稳定粉土浸泡 22 d 后弯拉强度持续减小；在复合盐溶液中，稳定粉土浸泡 22 d 后弯拉强度先增大后减小。

③与清水浸泡相比，在 NaCl 溶液中，单盐基准溶液、5 倍单盐溶液浸泡 22 d 对稳定粉土弯拉强度有增强作用；在 Na_2SO_4 基准溶液中，单盐基准溶液、5 倍单盐溶液和 10 倍单盐溶液浸泡 22 d 均对稳定粉土弯拉强度有削弱作用；在复合盐溶液中，复合盐基准溶液、5 倍复合盐溶液、10 倍复合盐溶液浸泡 22 d 均对稳定粉土弯拉强度有削弱作用。

④类比《用于耐腐蚀水泥制品的碱矿渣粉煤灰混凝土》（GB/T 29423—2012）中附录 B 耐盐腐蚀性能试验方法和评定规则（混凝土试件法）的评定指标可知，经盐溶液浸泡 22 d 后，除 10 倍 Na_2SO_4 溶液和 10 倍复合盐溶液外，其余组耐腐蚀系数均不小于 0.75，即其余组耐盐侵蚀性能合格。

6.4 本章小结

首先，本章研究了 5%~30%（掺量间隔为 5%）掺量对胶凝材料稳定粉土击实试验结果的影响，其次研究了不同养护方式（薄膜养护、湿气养护）对胶凝材料稳定粉土强度的影响，最后研究了不同浸水时间（薄膜养护 6 d 浸水 1 d、8 d、22 d）对胶凝材料稳定粉土水稳定性的影响，结论如下。

①随着胶凝材料掺量增加，碱激发钛石膏矿渣赤泥胶凝材料稳定粉土的最大干密度与最佳含水率逐渐降低。这主要是由于胶凝材料的最佳含水率低于原状粉土的。

②在薄膜养护、湿气养护两种养护方式中，推荐采用薄膜养护。

③随着胶凝材料掺量增加，胶凝材料稳定粉土无侧限抗压强度先增长后降低。当胶凝材料掺量为 5%时，7 d、14 d、28 d 无侧限抗压强度最低，代表值分别为 2.41 MPa、3.72 MPa、6.26 MPa；当胶凝材料掺量为 25%时，7 d、14 d、28 d 抗压强度最高，代表值分别为 20.29 MPa、27.73 MPa、34.71 MPa。其中，当掺量为 5%时，其 7 d 抗压强度代表值可达到重交通的二级及以下公路或轻交通的高速和一级公路水泥稳定材料公路底基层无侧限抗压强度标准；当胶凝材料掺量为 10%时，其 7 d 抗压强度代表值可达到极重、特重交通的高速公路和一级公路水泥稳定材料公路底基层无侧限抗压强度

标准。

④胶凝材料稳定粉土的水稳系数随浸水时间的增长而减小，随掺量先增大后减少。在薄膜养护 6 d 浸水 1 d、8 d、22 d 后，水稳系数最高值均在胶凝材料掺量为 25% 时出现，分别为 0.96、0.95、0.92；水稳系数最低值均在胶凝材料掺量为 5% 时出现，分别为 0.78、0.74、0.73。此外，在薄膜养护 6 d 浸水 1 d、8 d、22 d 后，胶凝材料稳定粉土试件水稳系数均不小于 0.73。其中，当掺量为 10% 时，在薄膜养护 6 d 浸水 1 d、8 d、22 d 后，胶凝材料稳定粉土的水稳系数均不小于 0.80。

综上所述，当碱激发钛石膏矿渣赤泥胶凝材料稳定粉土用作重交通的二级及二级以下公路或轻交通的高速和一级公路底基层时，合理掺量为 5%；当碱激发钛石膏矿渣赤泥胶凝材料稳定粉土用作极重、特重交通的高速公路和一级公路底基层时，合理掺量为 10%。最佳养护方式为薄膜养护。

其次，在碱激发钛石膏矿渣胶凝材料掺量为 10% 的基础上，主要进行了无侧限抗压强度试验、劈裂强度试验、弯拉强度试验、单轴压缩弹性模量试验、冻融循环试验、抗冲刷试验、干缩试验、温缩试验等路用性能试验，用于评价碱激发钛石膏矿渣胶凝材料稳定粉土作为道路底基层的路用性能，结论如下。

①通过无侧限抗压强度试验可知，胶凝材料稳定粉土试件的抗压强度均随龄期增长而增大。7~28 d 强度增长迅速，强度增长率高达 149.9%；28~90 d 强度增长缓慢，强度增长率仅为 9.6%。其中，7 d 抗压强度代表值为 4.37 MPa，可达到极重、特重交通的高速公路和一级公路水泥稳定材料公路底基层无侧限抗压强度标准。

②通过间接抗拉强度试验（劈裂试验）发现，胶凝材料稳定粉土试件的间接抗拉强度试验（劈裂试验）随龄期增长而增大。7~90 d 强度增长平稳。其中，7~28 d 强度增长率为 21.9%，28~90 d 强度增长率为 29.5%。

③通过弯拉强度试验、单轴压缩弹性模量试验可知，90 d 弯拉强度代表值为 2.21 MPa，可达到水泥稳定土的弯拉强度指标。90 d 单轴压缩弹性模量代表值为 6304 MPa，可达到水泥稳定土的弹性模量指标。

④通过抗冲刷试验、冻融试验可知，28 d 冲刷质量损失率仅为 3.2%；经冻融循环 5 次后，试件 BDR 值为 79%，可达到石灰粉煤灰稳定类材料在重冻区残留抗压耐腐蚀系数指标。

⑤通过干缩试验可知，7 d 内干缩系数增长缓慢，7~14 d 干缩系数快速增长，14~28 d 干缩系数增长平缓，28 d 后干缩系数趋于稳定。其中，1~90 d 温缩系数在 $1.4496 \times 10^{-4} \sim 2.4826 \times 10^{-4}$。

⑥通过温缩试验可知，在 $-20 \sim 10 ℃$ 时，稳定粉土试件的温缩系数变化平缓，在 $10 \sim 30 ℃$ 时，温缩系数略有降低；在 $30 \sim 40 ℃$ 时，温缩系数急剧降低。其中，$-20 \sim 30 ℃$ 时，温缩系数在 $11.81 \times 10^{-6} \sim 17.46 \times 10^{-6}$，$30 \sim 40 ℃$ 时，温缩系数仅为 0.74×10^{-6}。

综上所述，当胶凝材料掺量为 10% 时，碱激发钛石膏矿渣胶凝材料稳定粉土可达到道路底基层指标，且具有良好的路用性能。

最后，主要进行了模拟盐渍环境下，胶凝材料掺量为 10% 时，碱激发钛石膏矿渣赤泥胶凝材料稳定粉土用作道路底基层的盐侵蚀试验，通过无侧限抗压强度试验、劈裂强度试验、弯拉强度试验，确定耐腐蚀系数，进而评价其盐侵蚀性能，结论如下。

①浸泡 8 d 后，稳定粉土强度最大值出现在第 2 组（NaCl 基准溶液），浸泡 22 d 后，稳定粉土强度最大值出现在 3 组（5 倍 NaCl 溶液）；浸泡 8 d、22 d 后，稳定粉土强度最小值均出现在第 10 组（10 倍复合盐浓度）。

②随着盐溶液浓度增大，在 NaCl 溶液中，稳定粉土浸泡 8 d 后强度持续减小，浸泡 22 d 后强度先增大后减小；在 Na_2SO_4 溶液中，稳定粉土浸泡 8 d、22 d 后强度持续减小；在复合盐溶液中，稳定粉土浸泡 8 d、22 d 后强度先增大后减小。

③与清水浸泡相比，在 NaCl 溶液中，基准溶液和 5 倍单盐溶液浸泡 8 d、22 d 对稳定粉土强度有增强作用，10 倍溶液浸泡 8 d、22 d 对强度有削弱作用；在 Na_2SO_4 单盐溶液中，NaCl 基准溶液、5 倍 NaCl 溶液和 10 倍 NaCl 溶液浸泡 8 d、22 d 均对稳定粉土强度有削弱作用；在复合盐溶液中，复合盐基准溶液和 10 倍复合盐溶液浸泡 8 d、22 d 对稳定粉土强度有削弱作用，5 倍复合盐溶液浸泡 8 d、22 d 对强度有增强作用。

④类比《用于耐腐蚀水泥制品的碱矿渣粉煤灰混凝土》（GB/T 29423—2012）中附录 B 耐盐腐蚀性能试验方法和评定规则（混凝土试件法）的评定指标可知，经盐溶液浸泡 8 d 后，各组耐腐蚀系数均不小于 0.75，即耐盐侵蚀性能合格；经盐溶液浸泡 22 d 后，除 10 倍 Na_2SO_4 溶液和 10 倍复合盐溶液外，其余各组耐腐蚀系数均不小于 0.75，即其余各组耐盐侵蚀性能合格。

综上所述，当胶凝材料掺量为 10% 时，碱激发钛石膏矿渣赤泥胶凝材料稳定粉土用作道路基层具有较好的耐盐侵蚀性能。

第七章　碱激发钛石膏矿渣胶凝材料稳定碎石

7.1　配合比设计

7.1.1　原材料

本部分所用钛石膏、矿渣、硅酸钠、氢氧化钠同第三章。

本部分所用碎石购自山东东城建材公司，共有石粉、0~5 mm 石屑、10~20 mm 石子、20~30 mm 石子 4 种粒径。

对所购买的集料按照《公路工程集料试验规程》（JTG/E 42—2005）[141] 中试验要求进行检测，并与《公路路面基层施工技术细则》（JTG/T F20—2015）[120] 中规定的技术要求对比，试验结果如表 7.1 至表 7.3 所示。

表 7.1　19~26.5 mm 集料检测试验结果

技术指标	技术要求	试验结果	结果分析
表观密度/（g/cm³）		2.691	
毛体积密度/（g/cm³）	实测值	2.638	实测值
吸水率		0.68%	
针片状含量	≤15%	9.3%	满足要求

表 7.2　9.5~19 mm 集料检测试验结果

技术指标	技术要求	试验结果	结果分析
表观密度/（g/cm³）		2.695	
毛体积密度/（g/cm³）	实测值	2.647	实测值
吸水率		0.51%	
针片状含量	≤15%	7.1%	满足要求

表 7.3 4.75~9.5 mm 集料检测试验结果

技术指标	技术要求	试验结果	结果分析
表观密度/(g/cm³)		2.707	
毛体积密度/(g/cm³)	实测值	2.659	实测值
吸水率		0.77%	
针片状含量	≤20	13.2%	满足要求

7.1.2 试验方案与方法

（1）试验方案

集料级配是按照颗粒大小和一定的比例混合组成，目标是减少混合料的空隙率，达到较高水平的密实度，本著作以山东淄博当地某段试验路为目标，道路等级二级及以下公路，级配组成参照《公路路面基层施工技术细则》（JTG/T F20—2015）[120] 中二级及以下公路基层的水泥稳定类材料推荐的 C-C-3 级配。

根据《公路工程集料试验规程》（JTG/E42—2005）[141] 的规定，提供了干筛和水筛两种筛分方法，干筛适用于水泥混凝土中的粗、细集料，而将粗、细集料用于沥青混凝土结合料和道路基层时，必须采用水筛法。因此，粗、细集料均采用水筛法。

本部分以钛石膏、矿渣、碱激发剂和稳定碎石为主要原材料，根据第三章和前期课题组试验结果，固定碱激发剂掺量为 4%，以钛石膏掺量（20%、30%、40%）、胶石比（5∶95、10∶90、15∶85）为变量，根据《公路路面基层施工技术细则》（JTG/T F20—2015）[120] 推荐的 C-C-3 级配中值制备碱激发胶凝材料稳定碎石，采用无侧限抗压强度、劈裂强度、水稳定性和干缩性能等试验确定碱激发胶凝材料稳定碎石的配合比，并得出适宜配合比。配合比设计及评价指标如表 7.4 所示，C-C-3 级配组成如表 7.5 所示。

表 7.4 配合比设计及评价指标

序号	钛石膏掺量	胶石比	配合比设计评价指标
1	20%	5∶95	无侧限抗压强度（7 d、28 d）
2	30%	5∶95	劈裂强度（7 d、28 d）
3	40%	5∶95	水稳定性系数（7 d、28 d）
4	20%	10∶90	干缩系数（7 d、28 d）

序号	钛石膏掺量	胶石比	配合比设计评价指标
5	30%	10∶90	
6	40%	10∶90	无侧限抗压强度（7 d、28 d）
7	20%	15∶85	劈裂强度（7 d、28 d）
8	30%	15∶85	水稳定性系数（7 d、28 d）
9	40%	15∶85	干缩系数（7 d、28 d）

表 7.5　C-C-3 级配组成

筛孔尺寸/mm	C-C-3 级配范围		
	规范上限	规范下限	规范中值
26.5	100	100	100
19	100	90	95
16	92	79	85.5
13.2	83	67	75
9.5	71	52	61.5
4.75	50	30	40
2.36	36	19	27.5
1.18	26	12	19
0.6	19	8	13.5
0.3	14	5	9.5
0.15	10	3	6.5
0.075	7	2	4.5

（2）试验方法

碱激发钛石膏矿渣胶凝材料稳定碎石制备。本部分中碱激发胶凝材料稳定碎石混合料的制备方法采用《公路工程无机结合料稳定材料试验规程》（JTG E51—2009）[106]。

1）击实试验

根据表 7.4 中碱激发钛石膏矿渣胶凝材料稳定碎石配合比试验方案进行击实试验，从而确定碱激发胶凝材料稳定碎石在不同配合比下的最大干密度和最佳含水率。

根据《公路工程无机结合料稳定材料试验规程》（JTG E51—2009）[106] 中对水泥稳定碎石基层混合料击实方法的要求，按照集料最大粒径的 3 种击实标准，本书中试验混合料采用的集料 19 mm<粒径<26.5 mm。因此，采用丙法进行击实试验，每层锤击 98 次，共锤击 3 层。

首先，按照表 7.4 碱激发钛石膏矿渣胶凝材料稳定碎石配合比确定的试验方案对干料进行称量，在击实试验前 2 h 按照预估含水量 3%、4%、5%、6%、7%、8%对混合料进行拌和，将拌和均匀后的试样放入黑色塑料袋中密封存放，浸润 2 h，浸润完成后从袋中取出混合料，按照规范要求分 3 次装料进行击实试验，击实完成后通过脱模机脱出击实成型的试块，用锤子将试样敲碎，选取代表性试样放入器皿中，然后放入事先设置好的 110 ℃的干燥箱中进行烘干。

击实试验过程如图 7.1 所示。

图 7.1　击实试验过程

以各击实试样的含水量为横坐标，不同含水量计算的干密度为纵坐标，绘制每组配合比含水量与干密度的关系曲线，击实曲线一般呈驼峰状并存在一个峰值。峰值对应的横纵坐标分别为该配合比下混合料的最佳含水率和最大干密度。

2）试件尺寸

本文碱激发胶凝材料稳定碎石试件主要制备圆柱试件和梁式试件，圆柱试件采用无侧限抗压钢制试模制备，尺寸为 φ150 mm×H150 mm；本文制备的稳定碎石混合料的最大粒径为 26.5 mm，满足《公路工程无机结合料稳定材料试验规程》（JTG E51—2009）[106] 中有关粗粒土的要求，梁式试件应制备大梁试件，但大梁试件制作成型的困难程度较高，同时中梁试件的粒径可放宽至 26.5 mm，故本文梁式试件使用中梁试模制备，中梁试件尺寸为 100 mm×100 mm×400 mm。

3）制备过程

在试件成型前，首先应根据击实试验确定的各配比下的最大干密度和最佳含水率计算各配比下所需材料的质量，其中单个试件的质量如式（7-1）至式（7-6）所示。

$$m_0 = V \times \rho_{max} \times (1 + \omega_{opt}) \times \gamma, \tag{7-1}$$

$$m_0' = m_0 \times (1 + \delta), \tag{7-2}$$

$$m_1 = \frac{m_0'}{1 + \omega_{opt}}, \tag{7-3}$$

$$m_w = m_1 \times \omega_{opt}, \tag{7-4}$$

$$m_3 = m_1 - m_2, \tag{7-5}$$

$$m_w = m_1 \times \omega_{opt}。 \tag{7-6}$$

上述式中，V 为试件体积，cm^3；ω_{opt} 为混合料最佳含水率，%；ρ_{max} 为混合料最大干密度，g/cm^3；γ 为混合料压实度标准，本书中取 98%；m_0 为混合料质量，g；m_1 为干混合料质量，g；m_2 为胶凝材料质量，g；m_3 为碎石质量，g；δ 为冗余量，本书中取 1%；α 为胶凝材料掺量，%；m_w 为加水量，g。

a. 圆柱试件制备

根据上述公式计算好需要的原材料并称重，称重后采用混凝土强制式搅拌机对混合料进行搅拌，碱激发钛石膏矿渣胶凝材料稳定碎石的搅拌流程如图 7.2 所示。

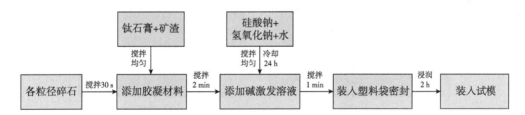

图 7.2　碱激发钛石膏矿渣胶凝材料稳定碎石的搅拌流程

待混合料搅拌均匀后，装入塑料袋内密封浸润 2 h，2 h 后进行碱激发胶凝材料稳定碎石混合料的成型，用刷子在 $\varphi 150 \, mm \times H 150 \, mm$ 无侧限试模的内壁和上下垫块涂油（方便脱模）。装料前，根据规范要求在试模下方垫 2 cm 垫块，使下垫块外露 2 cm，将浸润完的混合料分 3 次装入无侧限圆柱试模中，每次装填完毕用铁棒充分振捣混合料（以防剩余混合料装不进试模中），3 次装填完毕后将上垫块放入试模中，尽量使其外露 2 cm。装料完毕后，将试模放在电液伺服万能压力试验机的起降台上，调整试验机参数，控制加载速率 1 mm/min，选用合适的压力，待垫块完全被压入无侧限试模后静压 2 min。静压成型完成后，将试件取下静置最少 2 h 后脱模。为了使试块的损伤最小，脱模采用电动液压脱模机并一次性脱出，及时记录脱模后试件的高度和质量，不满足规范要求的试件应重做，碱激发钛石膏矿渣胶凝材料稳定碎石圆柱试件制备过程如图 7.3 所示。

（a）称料　　　　　　　　　　　（b）装料

（c）成型　　　　　　　　　　　（d）脱模

图 7.3　碱激发钛石膏矿渣胶凝材料稳定碎石圆柱试件制备过程

b. 中梁试件制备

中梁试件拌料过程圆柱试件。混合料浸润结束后，在填料之前，先在中梁试模内壁及垫块涂抹一层机油，填料过程同圆柱试件（分 3 次装入，每次装料后轻轻振捣），装料完成后将上垫块放入中梁试模中，并使上下垫块均露出试模 2 cm 为宜；装料完毕后，将试模放在压力机上，采用静压法压实，压实完成后将试模静置最少 2 h 后手动脱模，碱激发钛石膏矿渣胶凝材料稳定碎石中梁试件制备流程如图 7.4 所示。

（a）填料　　　　　　　　（b）成型

（c）脱模

图 7.4　碱激发钛石膏矿渣胶凝材料稳定碎石中梁试件制备流程

c. 养护方式

①碱激发钛石膏矿渣胶凝材料稳定碎石圆柱试件养护。用塑料袋包裹好经脱模机脱模完成的碱激发胶凝材料稳定碎石试件，做好标记后放入标准养护室（箱）内养护至规定龄期，后将圆柱试件取出放入（20±2）℃的水箱中继续浸水养护，养护至规定测试龄期后取出，养护间内水箱不得换水，水面应高于圆柱试件顶面约 2.5 cm，碱激发胶凝材料稳定碎石圆柱试件的标准养护和浸水养护如图 7.5 所示。

（a）标准养护　　　　　　　　（b）浸水养护

图 7.5　碱激发胶凝材料稳定碎石圆柱试件的标准养护和浸水养护

②碱激发胶凝材料稳定碎石中梁试件养护。将人工脱完模的稳定碎石中梁试件放入标准养护室（箱）内，养护至规定龄期后取出量取试件尺寸并称重，再将中梁试件放在中梁收缩仪，连同中梁收缩仪一起放入干缩养护箱内继续养护至规定龄期，碱激发胶凝材料稳定碎石中梁试件的标准养护和干缩养护如图7.6所示。

（a）标准养护　　　　　　　　　　（b）干缩养护

图7.6　碱激发胶凝材料稳定碎石中梁试件的标准养护和干缩养护

（3）无侧限抗压强度试验

本书中碱激发胶凝材料稳定碎石圆柱试件无侧限抗压强度试验按照《公路工程无机结合料稳定材料试验规程》（JTG E51—2009）[106] 中无机结合料稳定材料无侧限抗压强度试验方法进行，每组13个试件。无侧限抗压强度试验流程如下：将标准养护至规定龄期的圆柱试件从水箱中取出，用毛巾擦掉试件表面的水分，称量试件质量并测量试件尺寸后将试件放在压力机上，启动电源和油泵装置，将压顶下降至与试件顶面即将接触的位置，调整压力机加载速度为1 mm/min，设置目标值为450 kN，开始加载至试件破坏，记录试件破坏时的最大压力 P。无侧限抗压强度计算公式如式（7-7）至式（7-9）所示。

$$R_C = \frac{P}{A}, \tag{7-7}$$

$$C_V = \frac{S}{\overline{R_c}}, \tag{7-8}$$

$$R_{C0.95} = \overline{R_c} - 1.645 S。 \tag{7-9}$$

式中，P 为试件破坏时的最大压力，N；A 为试件的面积，mm^2，本书中圆柱试件的面积为17 671.5 mm^2；R_c 为试件的无侧限抗压强度，MPa；S 为试件的标准差；$\overline{R_c}$ 为一组试件无侧限抗压强度的平均值，MPa；C_V 为变异系数，本文圆柱试件为大试件，$C_V \leqslant 15\%$；$R_{C0.95}$ 为95%保证率的无侧限抗压强度代表值，MPa。

无侧限抗压强度试验过程如图7.7所示。

图 7.7　无侧限抗压强度试验过程

（4）劈裂强度试验

本书中碱激发胶凝材料稳定碎石圆柱试件劈裂强度试验按照《公路工程无机结合料稳定材料试验规程》（JTG E51—2009）[106] 中无机结合料稳定材料间接抗拉强度试验方法进行，每组 13 个试件。劈裂强度试验流程如下：将养护至规定龄期的试件取出，擦净试件表面，称量试件质量并测量试件尺寸，在压力机的升降台上放入劈裂夹具下压条，然后依次放好试件和上压条，调整试件和压条位置后启动压力机的电源和油泵装置，将压顶下降至与上压条顶面即将接触的位置，调整压力机加载速度为 1 mm/min，设置压力目标值为 100 kN，开始加载至试件破坏，记录试件破碎时的最大压力 P。劈裂强度计算公式如式（7-10）至式（7-12）所示。

$$R_i = 0.004\ 178\ \frac{P}{h}, \tag{7-10}$$

$$C_V = \frac{S}{\overline{R_i}}, \tag{7-11}$$

$$R_{i0.95} = \overline{R_i} - 1.645\ S_\circ \tag{7-12}$$

式中，P 为试件破坏时的最大压力，N；h 为试件浸水后的高度，mm；R_i 为试件的劈裂强度，MPa；S 为试件的标准差；$\overline{R_i}$ 为一组试件无侧限抗压强度的平均值，MPa；C_V 为变异系数，本文圆柱试件为大试件，$C_V \leqslant 15\%$；$R_{i0.95}$ 为 95% 保证率的劈裂强度代表值，MPa。

劈裂强度试验过程如图 7.8 所示。

图 7.8　劈裂强度试验过程

（5）水稳定性试验

目前，对水稳定性评价尚未有明确的规范要求，本文自行设计在达到相应养护龄期前 4 d 将试件放入水中浸泡，然后测定其浸水养护后无侧限抗压强度。水稳定性系数计算公式如式（7-13）所示。

$$K = \frac{f}{F}。 \tag{7-13}$$

式中，K 为水稳定性系数；f 为浸水养护的无侧限抗压强度，MPa；F 为标准养护的无侧限抗压强度，MPa。

（6）干缩性能

本文碱激发胶凝材料稳定碎石干缩性能试验根据《公路工程无机结合料稳定材料试验规程》（JTG E51—2009）[106] 中无机结合料稳定材料干缩试验方法进行，每组 6 个试件。干缩试验具体流程如下：将标准养护至规定龄期（7 d）后的中梁试件取出进行试件质量和尺寸的称量，然后将每组的 3 个试件放置在中梁收缩仪上，两端各放置两个千分表，每组的另外 3 个试件用来测量质量损失，随后将试件移入提前设置好的干缩养护箱中［温度（20±1）℃，相对湿度（60±5）%］，将各千分表示数归零，试验开始后需要记录千分表的示数和试件的重量，从移入干缩养护箱起开始计算时间，1~7 d 每天记录，7~30 d 每两天记录一次，30~90 d 每 30 d 记录一次，试验结束后将试件移入烘箱内烘干至恒重，记录质量。干缩系数计算公式如式（7-14）至式（7-18）所示。

$$w_i = \frac{(m_i - m_{i+1})}{m_p}, \tag{7-14}$$

$$\delta_i = \frac{(\sum_{j=1}^{4} X_{i,j} - \sum_{j=1}^{4} X_{i+1,j})}{2}, \qquad (7-15)$$

$$\varepsilon_i = \frac{\delta_i}{l}, \qquad (7-16)$$

$$\alpha_{di} = \frac{\varepsilon_i}{w_i}, \qquad (7-17)$$

$$\alpha_d = \frac{\sum \varepsilon_i}{\sum w_i}。 \qquad (7-18)$$

式中，w_i 为第 i 次失水率,%；m_i 为第 i 次标准试件质量，g；m_p 为标准试件烘干后的质量，g；δ_i 为第 i 次干缩量，mm；$X_{i,j}$ 为第 i 次测试时第 j 个千分表的读数，mm；ε_i 为第 i 次干缩应变,%；l 为标准试件的长度，mm；α_{di} 为第 i 次干缩系数,%。

干缩试验装置如图 7.9 所示。

图 7.9　干缩试验装置

7.1.3　试验结果与分析

（1）击实试验

不同配合比下碱激发钛石膏矿渣胶凝材料稳定碎石击实试验结果如表 7.6 所示。

表 7.6　不同配合比下碱激发钛石膏矿渣胶凝材料稳定碎石击实试验结果

配合比	5∶95			10∶90			15∶85		
	20%	30%	40%	20%	30%	40%	20%	30%	40%
最佳含水率	4.5%	4.7%	4.9%	5.4%	5.6%	5.8%	6.3%	6.4%	6.7%
最大干密度/(g/cm³)	2.388	2.381	2.376	2.315	2.311	2.308	2.278	2.274	2.270

（2）无侧限抗压强度

表7.7、表7.8和图7.10为碱激发钛石膏矿渣胶凝材料稳定碎石在不同养护龄期的无侧限抗压强度数据。

表7.7　碱激发钛石膏矿渣胶凝材料稳定碎石7 d无侧限抗压强度试验结果

配合比	5：95			10：90			15：85		
	20%	30%	40%	20%	30%	40%	20%	30%	40%
R_c/MPa	8.1	8.5	8.4	11.0	12.0	12.0	13.6	14.0	13.6
变异系数	8.56%	6.01%	5.48%	7.92%	6.52%	10.4%	10.23%	9.47%	8.07%
$R_{c0.95}$/MPa	6.9	7.6	7.6	9.6	10.7	9.9	11.3	11.8	11.8

表7.8　碱激发钛石膏矿渣胶凝材料稳定碎石28 d无侧限抗压强度试验结果

配合比	5：95			10：90			15：85		
	20%	30%	40%	20%	30%	40%	20%	30%	40%
R_c/MPa	11.5	12.4	11.0	12.8	14.5	13.6	15.2	16.1	14.1
变异系数	7.40%	4.43%	4.54%	2.34%	2.87%	2.14%	2.75%	4.41%	1.93%
$R_{c0.95}$/MPa	10.1	11.5	10.2	12.4	13.8	13.2	14.5	14.9	13.7

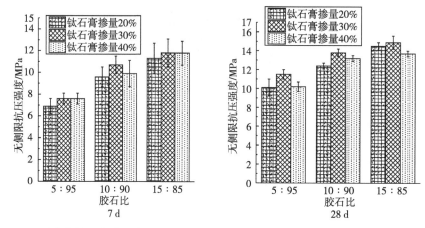

图7.10　碱激发钛石膏矿渣胶凝材料稳定碎石不同养护条件下的无侧限抗压强度试验数据

从表7.7、表7.8和图7.10可以看出，无论是抗压强度标准值还是抗压强度代表值，各胶石比下碱激发胶凝材料稳定碎石的抗压强度均随钛石膏掺量的增加呈先上升后下降的趋势，抗压强度最大值出现在钛石膏掺量为30%时。从表7.7、表7.8和图7.10还可以看出，各钛石膏掺量下碱激发胶凝材料稳定碎石的抗压强度均随胶石比的增加而不断上升。

抗压强度随钛石膏掺量增加呈先增大后减小的原因可能是适量钛石膏的掺入对碱激发胶凝材料的强度有一定改善作用，随着钛石膏掺量的增加，增加至40%时，部分钛石膏存留于材料内部未进行水化反应[122]，对抗压强度的继续增长有一定的抑制作用。抗压强度随胶石比的增加而增大的原因可能是随着碱激发胶凝材料掺量的增加逐渐填满碎石嵌挤形成骨架的空隙，形成致密的骨架密实结构，使试件内部空隙减小。同时，碱激发胶凝材料的增多会导致混合料内部水化产物增多，使试件内部连接更紧密。因此，混合料的抗压强度随胶石比的增加而不断提升。

表7.9为《公路路面基层施工技术细则》（JTG/T F20—2015）[120]对水泥稳定材料7 d无侧限抗压强度的要求。

表7.9　JTG/T F20—2015 对水泥稳定材料 7 d 无侧限抗压强度的要求

结构层	公路等级	极重、特重交通	重交通	中轻交通
基层	高速公路和一级公路	5.0~7.0	4.0~6.0	3.0~5.0
	二级及以下公路	4.0~6.0	3.0~5.0	2.0~4.0

从图7.10可以看出，当胶石比为5∶95、钛石膏掺量为20%时，碱激发胶凝材料稳定碎石的7 d抗压强度最低，此时7 d抗压强度为6.9 MPa。结合表7.9可以发现，胶石比为5∶95、钛石膏掺量为20%时混合料的抗压强度满足表7.9高速公路和一级公路极重、特重交通要求的上限。随着钛石膏掺量和胶石比的增加，碱激发胶凝材料稳定碎石的抗压强度会有所增大，此时抗压强度均超过水泥稳定材料路面基层的7 d强度要求，7 d最大抗压强度为11.8 MPa。

表7.10为碱激发胶凝材料稳定碎石养护28 d较7 d无侧限抗压强度增长率。

表7.10　碱激发胶凝材料稳定碎石养护 28 d 较 7 d 无侧限抗压强度增长率

配合比	5∶95			10∶90			15∶85		
	20%	30%	40%	20%	30%	40%	20%	30%	40%
强度增长率	46.38%	51.32%	34.21%	29.17%	28.97%	33.33%	28.32%	26.27%	16.10%

结合表7.7、表7.8、图7.10和表7.10可以看出，各配合比下碱激发胶凝材料稳定碎石的抗压强度均随养护龄期的增加而不断增大，且28 d较7 d抗压强度增长率基本在20%以上。

抗压强度随养护龄期增加而上升的原因是随着养护龄期的增加，材料内部水化反应充分，生成大量C-S-H凝胶和AFt晶体等水化产物，充分填充试件内部空隙并使试件内部各组分连接更紧密[142]，为混合料的后期强度提供有力保障。

（3）劈裂强度

表7.11、表7.12和图7.11为碱激发胶凝材料稳定碎石在不同养护龄期的劈裂强度数据。

表7.11　碱激发胶凝材料稳定碎石7 d劈裂强度试验结果

配合比	5 : 95			10 : 90			15 : 85		
	20%	30%	40%	20%	30%	40%	20%	30%	40%
R_i/MPa	0.56	0.60	0.40	0.63	0.68	0.50	0.75	0.78	0.61
变异系数/%	9.27	8.18	9.80	4.70	5.36	5.61	5.40	6.18	3.22
$R_{i0.95}$/MPa	0.47	0.52	0.34	0.58	0.62	0.46	0.68	0.70	0.58

表7.12　碱激发胶凝材料稳定碎石28 d劈裂强度试验结果

配合比	5 : 95			10 : 90			15 : 85		
	20%	30%	40%	20%	30%	40%	20%	30%	40%
R_i/MPa	0.71	0.77	0.49	0.76	0.82	0.59	0.86	0.87	0.73
变异系数/%	6.89	6.12	4.31	5.34	5.32	6.14	4.51	4.04	4.78
$R_{i0.95}$/MPa	0.63	0.69	0.45	0.69	0.75	0.53	0.79	0.81	0.67

从表7.11、表7.12和图7.11可以看出，各钛石膏掺量下碱激发胶凝材料稳定碎石的劈裂强度随胶石比增加而增大，与抗压强度变化规律一致。各胶石比下碱激发胶凝材料稳定碎石的劈裂强度随钛石膏掺量的增加而先增大后减小，与抗压强度的变化规律一致。但在钛石膏掺量为40%时，劈裂强度下降明显，这说明过量钛石膏的掺入对碱激发胶凝材料稳定碎石混合料的劈裂强度产生了不利影响。

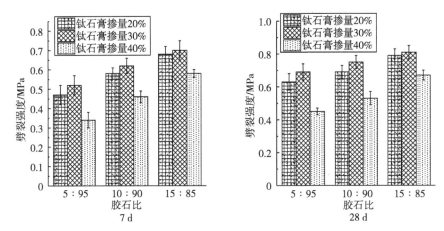

图 7.11　碱激发胶凝材料稳定碎石不同龄期下的劈裂强度

表 7.13 为碱激发胶凝材料稳定碎石养护 28 d 较 7 d 劈裂强度增长率。

表 7.13　碱激发胶凝材料稳定碎石养护 28 d 较 7 d 劈裂强度增长率

配合比	5：95			10：90			15：85		
	20%	30%	40%	20%	30%	40%	20%	30%	40%
强度增长率	34.04%	32.69%	32.35%	18.97%	20.97%	15.22%	16.18%	15.71%	15.52%

结合表 7.11、表 7.12、图 7.11 和表 7.13 可以看出，各配合比下碱激发胶凝材料稳定碎石的劈裂强度随养护龄期的增加而不断增大，与抗压强度变化规律一致。在胶石比为 5：95 时劈裂强度增长率明显高于其他胶石比的，且该配合比下强度增长率均在 30% 以下，且劈裂强度增长率基本随胶石比增加而逐渐减小。

（4）水稳定性系数

表 7.14、表 7.15 和图 7.12 为碱激发胶凝材料稳定碎石在不同龄期下的水稳定性数据。

表 7.14　碱激发胶凝材料稳定碎石 7 d 水稳定性试验结果

配合比	5：95			10：90			15：85		
	20%	30%	40%	20%	30%	40%	20%	30%	40%
标准养护强度/MPa	6.9	7.6	7.6	9.6	10.7	9.9	11.3	11.8	11.8
浸水养护强度/MPa	8.6	8.5	6.2	11.1	10.9	8.4	12.2	11.1	10.4
水稳定性系数	1.25	1.12	0.82	1.16	1.02	0.85	1.08	0.94	0.88

表 7.15　碱激发胶凝材料稳定碎石 28 d 水稳定性试验结果

配合比	5：95			10：90			15：85		
	20%	30%	40%	20%	30%	40%	20%	30%	40%
标准养护强度/MPa	10.1	11.5	10.2	12.4	13.8	13.2	14.5	14.9	13.7
浸水养护强度/MPa	11.6	12.3	8.7	12.9	13.6	12.4	14.9	14.6	13.1
水稳定性系数	1.15	1.07	0.85	1.04	0.99	0.94	1.03	0.98	0.96

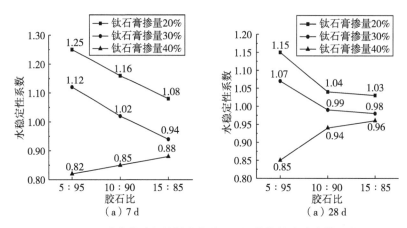

图 7.12　碱激发胶凝材料稳定碎石不同龄期的水稳定性系数

从表 7.14 和图 7.12（a）可以看出，在胶石比相同的情况下，混合料 7 d 水稳定性系数随钛石膏掺量的增大而逐渐减小，胶石比为 5：95 时混合料 7 d 水稳定性系数比其他胶石比下降的更明显，此时最大水稳定性系数为 1.25，最小水稳定性系数为 0.82。从表 7.14 和图 7.12（a）还可以看出，在钛石膏掺量相同的情况下，当钛石膏掺量为 20% 和 30% 时，混合料 7 d 水稳定性系数随胶石比增加而不断下降，钛石膏掺量为 40% 时，混合料 7 d 水稳定性系数随胶石比增大而不断增大，且有部分水稳定性系数超过 1.0。

7 d 水稳定性系数随钛石膏掺量增加而下降，可能是因为钛石膏本身水稳定性较差，吸水易膨胀崩解[143]，作为碱激发胶凝材料稳定碎石性能的影响因素之一，碱激发胶凝材料中钛石膏掺量过多会对混合料的水稳定性产生不利影响。部分水稳定性系数超过 1.0，可能是早期混合料抗压强度尚未完全形成[144]，浸水养护比标准养护能更快让胶凝材料水化，从而提升混合料强度。

从表 7.15 和图 7.12（b）可以看出，在胶石比相同的情况下，混合料 28 d 水稳定性系数随钛石膏掺量的增多而逐渐减小，在胶石比为 5∶95 时减小最明显，从 1.15 减小至 0.85；在钛石膏掺量相同的情况下，当钛石膏掺量为 20% 和 30% 时，混合料的 28 d 水稳定性系数随胶石比增加而不断减小，钛石膏掺量为 40% 时，随胶石比增大而不断增大，且水稳定性系数上升较明显，从 0.85 上升至 0.96。

对比 28 d 和 7 d 水稳定性系数可知，28 d 软化系数更接近 1.0，这是由于随着养护龄期的增加，体系内部水化反应更加充分，体系内部生成的水化产物增多，提升了水化产物与碎石的接触面积，使结构连接更加紧密，内部空隙减少，混合料的强度基本形成[144]，无论是标准养护还是浸水养护对混合料后期强度的影响都较小。

从表 7.14、表 7.15 和图 7.12 还可以看出，除胶石比为 5∶95、钛石膏掺量为 40% 的 7 d 水稳定性系数为 0.82 略低于 0.85 外，其他配合比混合料的水稳定性系数均在 0.85 及以上，说明 7 d 水稳定性良好；混合料 28 d 水稳定性系数基本超过 0.95（40%除外），说明混合料 28 d 水稳定性优良。

（5）干缩系数

图 7.13、图 7.14、表 7.16 为碱激发胶凝材料稳定碎石不同龄期的失水率及干缩系数数据。

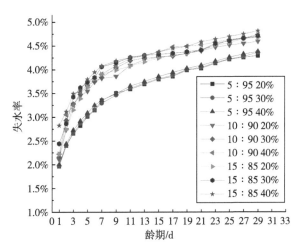

图 7.13　碱激发胶凝材料稳定碎石不同龄期的失水率

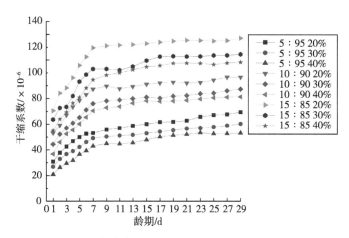

图 7.14　碱激发胶凝材料稳定碎石不同龄期的干缩系数

表 7.16　碱激发胶凝材料稳定碎石不同龄期的干缩系数

配合比	5 : 95			10 : 90			15 : 85		
	20%	30%	40%	20%	30%	40%	20%	30%	40%
7 d 干缩系数	53. 36	49. 37	43. 23	87. 50	76. 30	70. 76	119. 78	103. 14	94. 78
29 d 干缩系数	69. 68	60. 51	53. 45	96. 76	87. 57	81. 62	127. 23	114. 75	108. 41

　　从图 7.13 可以看出，各个配合比下碱激发胶凝材料稳定碎石的失水率变化趋势基本一致，都是随着时间的增长失水率总体呈上升趋势，0~7 d 时失水率增长较快，7~29 d 时增长缓慢。从图 7.13 还可以看出，在各钛石膏掺量下，随着胶石比的增加碱激发胶凝材料稳定碎石的失水率也随之增大，胶石比为 5：95 试件的失水率明显低于其他胶石比试件，胶石比为 10：90 和 15：85 试件的失水率相差不大；在各胶石比下，随着钛石膏掺量的增加碱激发胶凝材料稳定碎石的失水率基本随之增大，但失水率相差不明显。

　　从图 7.14 和表 7.16 可以看出，各个配合比下碱激发胶凝材料稳定碎石的干缩系数变化趋势基本一致，即干缩系数随干缩时间增加呈变大趋势，在 0~7 d 时干缩系数增长较快，7~29 d 增长变缓。从图 7.14 和表 7.16 还可以看出，在各钛石膏掺量下，随着胶石比的增加碱激发胶凝材料稳定碎石的干缩系数随之变大，胶石比为 5：95 时干缩系数最小，胶石比为 10：90 时干缩系数次之，胶石比为 15：85 时干缩系数最大，这可能是因为在胶石含量较低时，碱激发胶凝材料的掺量较少，材料的强度可以对干缩变形起到一定限制作用，所以干缩系数较小。随着碱激发胶凝材料掺量的增加，碱激发胶凝材料稳定碎石的强度和干缩变形也随之增大，此时收缩作用大于强度对变形的限制作用，所以干缩系数随之变大；在各胶石比下，随着钛石膏掺量的增加碱激发胶凝材料稳定碎石的干缩系数随之变小，但钛石膏掺量为30%和40%时的干缩系数相差不大，这可能是因为随着钛石膏掺量的增加，材料内部钙矾石产量增大，对体系收缩的补偿作用增强，所以干缩系数随之变小。

（6）配合比设计优化方案

通过各胶石比和钛石膏掺量下碱激发胶凝材料稳定碎石的水稳定性试验结果可知，碱激发胶凝材料稳定碎石的水稳定性系数在钛石膏掺量为20%和30%时随胶石比增加而逐渐变小，钛石膏掺量为40%时的水稳定性系数明显低于其他两组，且当胶石比为5∶95、钛石膏掺量为20%和30%时碱激发胶凝材料稳定碎石的7 d和28 d水稳定性系数均大于1.0。优选配合比：胶石比为5∶95、钛石膏掺量为20%或30%；根据无侧限抗压强度、劈裂强度试验可以确定碱激发胶凝材料稳定碎石的胶石比越大抗压强度越优，但在胶石比为5∶95时已基本满足水泥稳定材料基层抗压强度的上限要求，钛石膏掺量在30%时抗压强度和劈裂强度优于钛石膏掺量为20%和40%的，因此优选配合比为胶石比为5∶95、钛石膏掺量为30%；根据干缩性能试验结果可知，碱激发胶凝材料稳定碎石的干缩系数随胶石比的增大而增大，随钛石膏掺量增加而减少，但钛石膏掺量为30%和40%时，碱激发胶凝材料稳定碎石的干缩系数相差不大，因此优选配合比：胶石比为5∶95、钛石膏掺量为30%或40%。通过综合无侧限抗压强度、劈裂强度、水稳定性、干缩性能等试验结果，且为了充分利用钛石膏，确定本部分中碱激发胶凝材料稳定碎石的适宜配合比为胶石比为5∶95、钛石膏掺量为30%。

7.2 力学性能

7.2.1 原材料

本部分所用钛石膏、矿渣、硅酸钠、氢氧化钠、碎石同7.1.1。

本部分所用水泥购自中国铝业山东分公司，PO 42.5普通硅酸盐水泥，对水泥进行XRF测试，水泥的化学组分如表7.17所示。

表 7.17 水泥的化学组分

成分	CaO	Al_2O_3	SiO_2	MgO	Fe_2O_3	K_2O_2	SO_3	Na_2O
含量	65.45%	4.93%	20.47%	1.83%	3.56%	0.80%	1.74%	0.95%

根据《公路工程水泥及水泥混凝土试验规程》（JTG 3420—2020）[115]中水泥的标准稠度用水量、凝结时间、安定性检验方法和水泥胶砂强度检验方法（ISO 法）对所购买水泥的凝结时间、抗折强度和抗压强度等指标进行试验。试验结果与《通用硅酸盐水泥》（GB 175—2020）[121]对水泥要求规范的各项指标进行对比，对比结果如表 7.18 所示。

表 7.18 水泥技术指标试验结果

名称	规范值		检测值
比表面积/（m^2/kg）	300		335
安定性	合格		合格
初凝时间/min	≤45		216
终凝时间/min	≤600		373
抗压强度/MPa	3 d	≥17	25.3
	28 d	≥42.5	53.6
抗折强度/MPa	3 d	≥4.0	5.7
	28 d	≥6.5	7.9

7.2.2 试验方案与方法

（1）试验方案

本部分根据碱激发钛石膏矿渣胶凝材料稳定碎石的配合比设计试验结果，确定碱激发胶凝材料稳定碎石的最优配合比为胶石比为 5∶95、钛石膏掺量为 30%，然后以钛石膏、矿渣、碱激发剂、水泥和稳定碎石为主要原材料，根据《公路路面基层施工技术细则》（JTG/T F20—2015）[120]推荐的 C-C-3 级配中值分别制备碱激发胶凝材料稳定碎石（ASM）和水泥稳定碎石（水泥剂量为 5%，CSM），并进行无侧限抗压强度和劈裂强度等力学性能对比。

（2）试验方法

本部分所用击实试验、无侧限抗压强度试验、劈裂强度试验方法同 7.1.2。

7.2.3　试验结果与分析

（1）击实试验

不同类型混合料击实试验结果如表 7.19 所示。

表 7.19　不同类型混合料击实试验结果

混合料类型	最大干密度/(g/cm^3)	最佳含水率
CSM	2.396	5.4%
ASM	2.381	4.7%

（2）强度形成机制

碱激发钛石膏矿渣胶凝材料稳定碎石的强度主要依靠物理作用和化学作用形成。物理作用主要是机械压实作用，碱激发胶凝材料稳定碎石在机械压实作用下，碱激发胶凝材料和粗细骨料间不断密实，内部空隙中的空气被不断挤出，从而空隙减小，提高了混合料内部的致密性和稳定性[145]。化学作用主要是碱激发胶凝材料不断发生水化作用，随着养护龄期的增加，碱激发胶凝材料不断水化反应生成 C-S-H 和 AFt，充分填充混合料内部空隙并加强混合料内部各成分间的连接，提高了试样的结构致密性。

（3）无侧限抗压强度

根据表 7.19 中得到的最大干密度和最佳含水率按照碱激发胶凝材料稳定碎石圆柱试件制备方法制备 ASM 和 CSM，并在标准养护室中养护 7 d、28 d、60 d、90 d，根据无侧限抗压强度试验方法进行无侧限抗压强度试验，无侧限抗压强度试验结果如表 7.20、表 7.21、图 7.15 所示。

表 7.20　不同龄期无侧限抗压强度试验结果

混合料类型	7 d		28 d		60 d		90 d	
	变异系数	$R_{C0.95}$/MPa	变异系数	$R_{C0.95}$/MPa	变异系数	$R_{C0.95}$/MPa	变异系数	$R_{C0.95}$/MPa
CSM	3.37%	6.7	2.40%	8.8	1.18%	9.8	1.40%	10.4
ASM	6.01%	7.6	4.43%	11.5	2.16%	13.2	2.42%	14.2

表 7.21　不同龄期无侧限抗压强度增长率

混合料类型	7 d 强度增长率	28 d 强度增长率	60 d 强度增长率	90 d 强度增长率
CSM	100%	31.34%	11.36%	6.12%
ASM	100%	51.32%	14.78%	7.58%

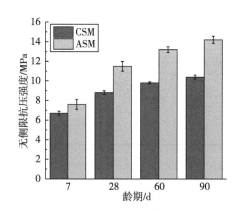

图 7.15　不同龄期混合料无侧限抗压强度对比

从表 7.20、表 7.21 和图 7.15 可知，在不同龄期下 CSM 和 ASM 的无侧限抗压强度的变化规律一致，均随养护龄期增长而不断增大，且抗压强度增长速度随着龄期增长而不断变缓，在 7 d 龄期内增长最快，7~28 d 龄期内增长明显，28~60 d 龄期内增长变缓，60~90 d 龄期内增长趋于平缓。

混合料的抗压强度产生上述变化规律的原因，可能是混合料养护早期胶凝材料与水充分接触，快速发生水化反应，生成大量的水化产物，为混合料的强度增长提供了有力保障，随着水化反应的持续进行，胶凝材料不断被消耗，在 28 d 龄期后水化反应进程明显变缓，当到了 90 d 龄期后，体系内水化反应基本结束，水化产物生成基本停止[146]，所以强度增长趋势随龄期的增加不断变缓。

从表 7.20 和图 7.15 还可以看出，各个龄期下 ASM 的抗压强度均比 CSM 的高，ASM 的 7 d 抗压强度为 7.6 MPa，较 CSM 提升了 13.43%，28 d 抗压强度为 11.5 MPa，较 CSM 提升了 30.68%，60 d 抗压强度为 13.2 MPa，较 CSM 提升了 34.69%，90 d 抗压强度为 14.2 MPa，较 CSM 提升了 36.54%。

ASM 的抗压强度优于 CSM 的原因可能是相比水泥，碱激发胶凝材料在碱激发剂作用下能更快地与水作用发生水化反应，并生成更多的水化产物，使混合料内部结构更致密。

（4）劈裂强度

根据表 7.19 中得到的最大干密度和最佳含水率，按照碱激发胶凝材料稳定碎石圆柱试件制备方法制备 ASM 和 CSM，并在标准养护条件下养护 7 d、28 d、60 d、90 d，根据劈裂强度试验方法进行劈裂强度试验，劈裂强度试验结果如表 7.22、表 7.23、图 7.16 所示。

表 7.22 不同龄期劈裂强度试验结果

混合料类型	7 d		28 d		60 d		90 d	
	变异系数	$R_{i0.95}$/MPa	变异系数	$R_{i0.95}$/MPa	变异系数	$R_{i0.95}$/MPa	变异系数	$R_{i0.95}$/MPa
CSM	6.50%	0.46	5.19%	0.59	1.88%	0.71	2.55%	0.79
ASM	8.18%	0.52	6.12%	0.69	3.45%	0.83	2.23%	0.95

表 7.23 不同龄期劈裂强度增长率

混合料类型	7 d 强度增长率	28 d 强度增长率	60 d 强度增长率	90 d 强度增长率
CSM	100%	28.26%	20.34%	11.27%
ASM	100%	32.69%	20.29%	14.46%

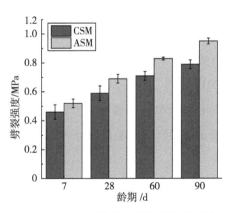

图 7.16 不同龄期混合料劈裂强度对比

从表 7.22、表 7.23 和图 7.16 可以看出，CSM 和 ASM 的劈裂强度变化与养护龄期呈正相关，均随养护龄期增长而不断增大，且劈裂强度增长速度在 7 d 龄期内最快，并随龄期增长而不断变缓；各龄期下 ASM 的劈裂强度均比 CSM 的高，ASM 的 7 d 劈裂强度为 0.52 MPa，较 CSM 提升了 13.04%，28 d 劈裂强度为 0.69 MPa，较 CSM 提升了 16.95%，60 d 劈裂强度为 0.83 MPa，较 CSM 提升了 16.9%，90 d 劈裂强度为 0.95 MPa，较 CSM 提升了 20.25%。

ASM 的劈裂强度优于 CSM 的原因是组成集料的各粒径碎石之间的嵌挤形成骨架结构，且胶凝材料填充在骨架间的空隙中，结构整体性较好。同时，胶凝材料随养护龄期的增长不断发生水化反应，生成大量水化产物，这些水化产物充分填充混合料内部空隙，且能与碎石之间发生很好的黏结作用，保障混合料的劈裂强度。

7.3 耐久性能

7.3.1 原材料

本部分所用钛石膏、矿渣、硅酸钠、氢氧化钠、水泥、碎石同 7.2.1。

7.3.2 试验方案与方法

（1）试验方案

本部分以钛石膏、矿渣、碱激发剂、水泥和稳定碎石为主要原材料，根据 7.1 中碱激发钛石膏矿渣胶凝材料稳定碎石配合比设计研究试验结果，确定碱激发钛石膏矿渣胶凝材料稳定碎石的胶石比为 5∶95、钛石膏掺量为 30%。根据《公路路面基层施工技术细则》（JTG/T F20—2015）[120] 推荐的 C-C-3 级配中值制备碱激发胶凝材料稳定碎石（ASM）和水泥稳定碎石（CSM）并进行水稳定性、抗冲刷性、干缩性、抗冻性、碳化性、疲劳性等耐久性对比，并研究冻融作用后 ASM 混合料的疲劳性能。

（2）试验方法

本部分所用水稳定性、干缩性能试验方法同 7.1.2。

1）抗冲刷性能

碱激发胶凝材料稳定碎石抗冲刷试验方法采用《公路工程无机结合料稳定材料试验规程》（JTG E51—2009）[106] 中无机结合料稳定材料抗冲刷试验方法。抗冲刷试验具体流程如下：将养护至规定龄期（28 d、90 d）并浸水一昼夜的试件从水箱中取出，用毛巾擦干后量取试件尺寸并称量好质量，将冲刷桶固定在疲劳试验仪上，向冲刷桶中加入适量的水后将垫板放在冲刷桶正对疲劳仪压头下，放上试件继续加水至高出试件顶面 5 mm 并将橡胶垫放在试件上，将压头下降至适当位置，调整试验机施力状态为峰值 0.5 MPa、谷值 0.1 MPa、冲刷频率 10 Hz，然后开始冲刷。冲刷 30 min 后停止试验，将冲刷桶拆卸下来，并将冲刷桶中的水和沉淀物一起倒入水桶沉淀 12 h。沉淀完成后将水倒掉，剩下的沉淀物放入恒温干燥箱中进行烘干，烘干后称取质量。

冲刷量损失计算公式如式（7-19）所示，抗冲刷试验过程如图 7.17 所示。

$$P = \frac{m_f}{m_0} \times 100 \text{。}$$
（7-19）

式中，P 为冲刷质量损失，%；m_f 为冲刷物质量，g；m_0 为试件冲刷前质量，g。

图 7.17　抗冲刷试验过程

2）抗碳化性能

由于目前对无机结合料基层材料的抗碳化性能尚无明确规范要求，部分抗碳化性能的测试参考《公路工程水泥及水泥混凝土试验规程》（JTG 3420—2020）[115] 中水泥混凝土碳化试验方法和其他文献设计以下试验步骤：将养护至规定龄期（28 d、90 d）浸水完毕的试件从水箱中取出，用毛巾擦干水并称量试件质量和尺寸，然后放入已提前设置好的碳化箱 [CO_2 浓度设置为（20±2）%，湿度设置为（70±5）%] 中进行碳化处理，达到设计碳化天数（3 d、7 d、14 d）后将试件取出，称量试件尺寸和质量，然后进行无侧限抗压强度测试，与未碳化的试件进行强度对比，计算强度损失率。

试件碳化后的残余强度百分率计算公式如式（7-20）所示，碳化试验过程如图 7.18 所示。

$$K_T = \frac{R_{TC}}{R_C} \times 100 \text{。}$$
（7-20）

式中，K_T 为试件碳化后的残余强度百分率，%；R_{TC} 为碳化处理试件的无侧限抗压强度，MPa；R_C 为未经碳化处理试件的无侧限抗压强度，MPa。

图 7.18　碳化试验过程

3）抗冻性能

本部分碱激发胶凝材料稳定碎石抗冻性能试验根据《公路工程无机结合料稳定材料试验规程》（JTG E51—2009）[106] 中无机结合料稳定材料冻融试验方法进行。抗冻性能试验流程如下：将养护至规定龄期（28 d、90 d）的试件从水箱中取出，擦干试件表面水分然后称量试件尺寸和质量，对照组直接进行抗压强度测试，冻融组被放入高低温交变箱进行冻融循环试验。在高低温交变箱−18 ℃条件下冰冻 16 h，再继续放回 20 ℃的水箱中融化 8 h，此为一个冻融循环，每次冻融循环结束后记录试件高度和质量，进行设计的冻融循环次数后（5 次、10 次、15 次），测试试件的无侧限抗压强度。

试件冻融后的残余强度百分率计算公式如式（7-21）所示，抗冻性能试验过程如图 7.19 所示。

$$BDR = \frac{R_{DC}}{R_C} \times 100 。 \tag{7-21}$$

式中，BDR 为经 n 次冻融循环后的强度损失，%；R_{DC} 为经 n 次冻融循环后试件的抗压强度，MPa；R_C 为未经冻融循环试件的抗压强度，MPa。

-18℃冰冻   20℃融化

图7.19　抗冻性能试验过程

4）疲劳试验

目前，国内对基层材料疲劳性能测试所采用的室内试验主要有弯曲疲劳试验和劈裂疲劳试验，由于弯曲疲劳试验试件制作困难且试验结果离散性较大，而劈裂疲劳试验试件制作容易、试验操作简单且试验结果离散性相对较小，故本部分疲劳试验采用劈裂疲劳试验。参考《公路工程无机结合料稳定材料试验规程》（JTG E51-2009）[106] 中无机结合料稳定材料疲劳试验方法进行以下试验：将标准养护90 d的试件从水箱中取出并用毛巾擦干，将试件放置在劈裂疲劳夹具上，将压头下降至适宜位置并用0.2倍应力比的压力对试件预压2 min，然后采用正弦波、10 Hz频率、计算好的荷载（应力比采用0.60、0.65、0.70、0.75）对试件进行劈裂疲劳加载，至试件破坏后记录试验数据并进行下组试验。

劈裂疲劳试验过程如图7.20所示。

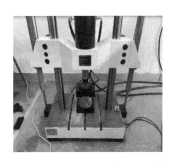 

图7.20　劈裂疲劳试验过程

5）冻融后疲劳试验

冻融作用对基层材料的疲劳性能有很大影响，因此有必要对碱激发胶凝材料稳定碎石材料的冻融后疲劳性能进行相关测试。参考《公路工程无机结合料稳定材料试验规程》（JTG E51—2009）[106] 中无机结合料稳定材料冻融试验方法和疲劳试验方法进行以下冻融后疲劳试验：将养护至 90 d 的试件放入高低温箱中进行冻融作用处理（5 次、10 次、15 次），然后将冻融作用后的试件放置在劈裂疲劳夹具上，按照疲劳试验步骤对试件进行冻融后疲劳试验，至试件破坏后记录试验数据并进行下组试验。

冻融作用后碱激发胶凝材料稳定碎石的剩余疲劳寿命百分率计算公式如式（7-22）所示。冻融后疲劳试验过程图如图 7.21 所示。

$$K_D = \frac{N_{DC}}{N_c} \times 100 。 \tag{7-22}$$

式中，K_D 为经 n 次冻融循环后的剩余疲劳寿命百分率，%；N_{DC} 为经 n 次冻融循环后试件的平均疲劳寿命，次；N_c 为未经冻融循环试件的平均疲劳寿命，次。

图 7.21　冻融后疲劳试验过程

7.3.3　试验结果与分析

（1）水稳定性

根据表 7.19 得到的最大干密度和最佳含水率按照碱激发钛石膏矿渣胶凝材料稳定碎石圆柱试件制备方法制备 ASM 和 CSM，并经标准养护和浸水养护 7 d、28 d 和 90 d 后根据第二章中水稳定性试验方法进行混合料水稳定性试验，水稳定性试验结果如表 7.24 和图 7.22 所示。

表 7.24　不同混合料水稳定性试验结果

混合料类型及养护龄期	CSM			ASM		
	7 d	28 d	90 d	7 d	28 d	90 d
标准养护强度/MPa	6.7	8.8	10.4	7.6	11.5	14.2
浸水养护强度/MPa	5.7	8.1	10.1	8.5	12.3	14.7
水稳定性系数	0.85	0.92	0.97	1.12	1.07	1.04

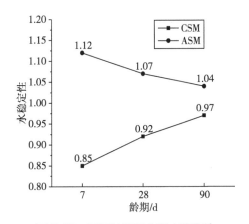

图 7.22　不同龄期混合料水稳定性

从表 7.24 和图 7.22 不同龄期混合料的水稳定性数据可以看出，CSM 的水稳定性系数随养护龄期增长而不断增大，虽然 ASM 的水稳定性系数随养护龄期增长而减小，但 7 d、28 d 和 90 d 水稳定性系数均大于 CSM 的，在 7 d、28 d 和 90 d 时，ASM 混合料的水稳定性系数分别为 1.12、1.07、1.04，CSM 混合料的水稳定性系数分别为 0.85、0.92、0.97，这说明 ASM 混合料的水稳定性优于 CSM 混合料的。

出现上述试验结果的原因可能是在水化过程前期，ASM 的强度尚未完全形成，浸水养护条件下 ASM 能进行更加充分的水化反应[144]，促进强度提高；而 CSM 的水化反应不明显，导致浸水养护后抗压强度有所下降，之后随着养护龄期的增加，两种混合料的水化反应已经持续较长时间，混合料强度已基本形成，浸水养护对两种混合料抗压强度的影响变小且接近于标准养护的效果。因此，在较长龄期时两种混合料的水稳定性系数接近 1.0。

（2）抗冲刷性能

根据表 7.19 中得到的最大干密度和最佳含水率，按照碱激发钛石膏矿渣胶凝材料稳定碎石圆柱试件制备方法制备 ASM 和 CSM，经标准养护 28 d、90 d 后根据抗冲刷试验方法进行混合料抗冲刷试验，抗冲刷试验结果如图 7.23 所示。

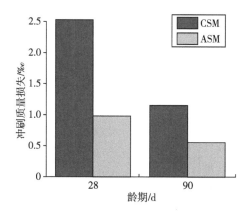

图 7.23　不同混合料抗冲刷试验结果

图 7.23 为混合料 ASM 和 CSM 在不同龄期下的抗冲刷试验数据。从图 7.23 可以看出，CSM 和 ASM 混合料的冲刷质量损失均随龄期的增加而减少，且在各龄期下 ASM 的冲刷质量损失均比 CSM 混合料的要少，即 ASM 的抗冲刷性能优良。这可能是因为各个龄期下 ASM 的抗压强度优于 CSM 的，在（0.1~0.5）MPa 冲刷荷载的作用下，抗压强度越大的混合料受冲刷作用的影响越不明显，因此冲刷质量损失就少。

（3）干缩性能

根据表 7.19 得到的最大干密度和最佳含水率，按照碱激发钛石膏矿渣胶凝材料稳定碎石中梁试件制备方法进行 ASM 和 CSM 中梁试件制备，脱模后将其标准养护 7 d，养护结束后将试件移到干缩养护箱进行干缩试验，不同混合料干缩试验结果如表 7.25、图 7.24 和图 7.25 所示。

表 7.25　不同混合料干缩试验结果

天数	累计失水率		干缩系数/$\times 10^{-6}$	
	CSM	ASM	CSM	ASM
1	1.44%	1.98%	53.65	27.16
2	1.85%	2.41%	60.18	33.18
3	2.11%	2.67%	64.42	36.95
4	2.27%	2.86%	69.45	39.27

天数	累计失水率		干缩系数/$\times 10^{-6}$	
	CSM	ASM	CSM	ASM
5	2.38%	3.04%	75.07	42.41
6	2.49%	3.16%	79.18	46.31
7	2.60%	3.29%	80.20	49.37
9	2.75%	3.46%	81.03	50.54
11	2.91%	3.61%	81.09	51.30
13	2.97%	3.71%	83.68	51.84
15	3.05%	3.81%	84.79	53.16
17	3.11%	3.88%	86.80	54.47
19	3.18%	4.00%	88.32	55.61
21	3.32%	4.04%	89.28	56.87
23	3.39%	4.15%	90.29	57.29
25	3.46%	4.22%	91.74	58.06
27	3.50%	4.27%	94.64	59.16
29	3.57%	4.36%	96.31	60.51
31	3.63%	4.41%	97.15	62.33
60	3.70%	4.44%	96.90	63.85
90	3.76%	4.48%	97.37	64.43

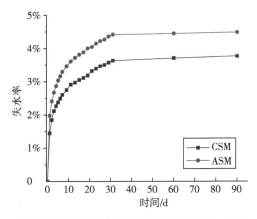

图 7.24　不同混合料在不同龄期下的失水率

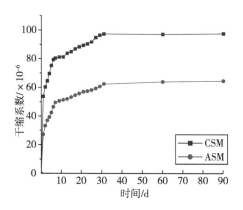

图 7.25　不同混合料在不同龄期下的干缩系数

从表 7.25 和图 7.24 可以看出，CSM 和 ASM 两种混合料的累计失水率变化趋势一致，都是随着龄期的增长呈上升趋势，且在 7 d 内失水率增长较快，7~31 d 失水率增长变缓，31 d 以后失水率基本趋于平缓。从表 7.25 和图 7.25 可以看出，CSM 和 ASM 两种混合料的干缩系数变化趋势也基本一致，也是随着龄期的增长呈上升趋势，干缩系数在 7 d 内增长较快，7~31 d 增长变缓，31 d 后增长趋势基本趋于平缓。

失水率呈先增大较快后增大变缓最后趋于平缓的原因，可能是前期试件内部含水率高，但胶凝材料水化反应程度低且混合料内部空隙较多，使得混合料内部空隙间的自由水容易流失，因此前期失水率较高，但在 31 d 龄期后混合料内部自由水基本消耗完毕，且内部结构致密自由水不易流失，因此 31 d 龄期后失水率趋于平缓。干缩系数呈先增大较快后增大变缓最后趋于平缓的原因，可能是早期试件内自由水容易流失且早期试件内部水化反应还处于初期，水化产物生成较少，水化产物对试件内部产生变形的约束效果较弱导致前期干缩系数增长较快，但随着水化反应的进行，胶凝体系不断生成水化产物，水化产物逐渐对试件内部的变形起到限制作用，且试件内自由水逐渐被水化反应消耗[147-148]，导致干缩系数的增长变缓。

从表 7.25 和图 7.25 还可以看出，ASM 在各龄期的干缩系数明显低于 CSM 的，ASM 的 7 d 干缩系数相较于 CSM 的下降了 38.44%，31 d 干缩系数下降了 35.84%，90 d 干缩系数下降了 33.83%，这说明 ASM 表现出较好的抗裂性能。

出现上述结果可能是由于与 CSM 胶凝材料不同，ASM 胶凝材料中含有钛石膏，钛石膏在碱激发剂作用下为胶凝体系提供了大量的 SO_4^{2-}，促使胶凝体系中生成大量钙矾石，钙矾石具有膨胀作用，对试件内部的收缩变形起到较强的补偿作用[43,142]，因此干缩系数相对较小，生成钙矾石的反应方程式如式（7-23）和式（7-24）所示[149]。

$$Al_2O_3+3H_2O \rightarrow 2Al(OH)_3, \tag{7-23}$$

$$Ca^{2+}+Al(OH)_3+CaSO_4 \cdot 2H_2O \rightarrow AFt。 \tag{7-24}$$

（4）抗碳化性能

根据表7.19中得到的最大干密度和最佳含水率，按照碱激发钛石膏矿渣胶凝材料稳定碎石圆柱试件方法进行ASM和CSM的制备，并在标准养护条件下养护28 d和90 d，养护完成后根据碳化性能试验进行碳化试验，碳化性能试验结果如表7.26、表7.27、图7.26和图7.27所示。

表 7.26　各混合料 28 d 碳化试验结果

混合料类型	CSM	ASM	CSM	ASM	CSM	ASM
碳化时间	3	3	7	7	14	14
碳化试件抗压强度 $R_{Tc0.95}$/MPa	8.5	9.8	8.2	8.5	7.9	7.6
残余强度 K	96.59%	85.22%	93.18%	73.91%	89.77%	66.09%

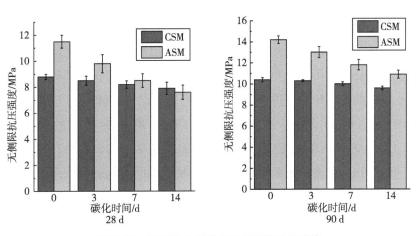

图 7.26　不同混合料碳化后无侧限抗压强度

表 7.27 各混合料 90 d 碳化试验结果

混合料类型	CSM	ASM	CSM	ASM	CSM	ASM
碳化时间	3	3	7	7	14	14
碳化试件抗压强度 $R_{Tc0.95}$/MPa	10.3	13.0	10.0	11.8	9.6	10.9
残余强度 K	99.04%	91.55%	96.15%	83.10%	92.31%	76.76%

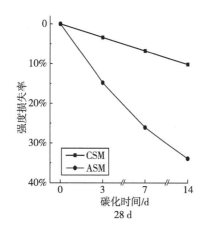
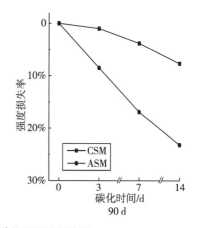

图 7.27 不同混合料碳化后强度损失率

从表 7.26、表 7.27、图 7.26 和图 7.27 可以看出，CSM 和 ASM 两种混合料在各龄期下经过碳化作用后的抗压强度均有所下降，且随着碳化时间的增长，抗压强度继续下降。从表 7.26、表 7.27、图 7.26 和图 7.27 还可以看出，CSM 经历碳化作用后强度下降不明显，而 ASM 经历碳化作用后强度下降明显，ASM 经历不同碳化时间作用后的残余强度比 CSM 的低，标准养护 28 d 的 ASM 经历 3 d、7 d 和 14 d 碳化作用后的残余强度比 CSM 分别低 11.37%、19.27% 和 23.69%，90 d 龄期下的分别低 7.49%、13.05% 和 15.55%，ASM 的抗碳化性能较差。从表 7.26、表 7.27、图 7.26 和图 7.27 还可以看出，随着龄期的增长，各混合料在相同碳化时间作用下的强度损失率逐渐减少。

碳化后各混合料强度均下降的原因可能是碳化环境使得 CO_2 浓度增大，CO_2 进入混合料内部，并首先与混合料内部的自由水结合生成碳酸，然后与混合料水化生成的各种碱性水化产物发生反应[150]，导致 C-S-H 等产物被消耗，内部结构不再致密且内部空隙率和孔径都随之增大[68,151]，导致强度下降，碳化过程反应方程式如式（7-25）至式（7-27）所示[150]。ASM 在碳化作用后强度比 CSM 下降的更多，可能是由于 CSM 的水化产物主要有 $Ca(OH)_2$ 和 C-S-H 等，碳化过程中 CO_2 溶解在空隙溶液中生成的碳酸会优先与 $Ca(OH)_2$ 反应生成 $CaCO_3$，而 ASM 的水化产物中没有 $Ca(OH)_2$，在碳化过程中主要通过 C-S-H 凝胶的脱钙作用提供 Ca^{2+}，因此碳酸会直接与 C-S-H 凝胶反应生成 $CaCO_3$，导致混合料内部结构更疏松[68,151-152]。因此，ASM 混合料的强度下降更明显。随龄期增加各混合料强度损失率减少可能是因为随着养护龄期的增长，混合料内部不断发生水化反应，水化产物逐渐增多，而与碳酸发生碳化反应的产物量基本不变。因此，混合料的强度损失逐渐变小。

$$CO_2 + H_2O \rightarrow H_2CO_3, \tag{7-25}$$

$$Ca(OH)_2 + H_2CO_3 \rightarrow CaCO_3 + 2H_2O, \tag{7-26}$$

$$C\text{-}S\text{-}H + H_2CO_3 \rightarrow CaCO_3 + SiO_2 + H_2O。 \tag{7-27}$$

（5）抗冻性能

根据表 7.19 得到的最大干密度和最佳含水率，按照碱激发钛石膏矿渣胶凝材料稳定碎石圆柱试件制备方法制备 ASM 和 CSM，并在标准养护条件下养护 28 d 和 90 d，养护完成后根据抗冻性能试验方法进行冻融试验，抗冻性能试验结果如表 7.28、表 7.29、图 7.28 和图 7.29 所示。

表 7.28　各混合料 28 d 冻融试验结果

混合料类型	CSM	ASM	CSM	ASM	CSM	ASM
冻融次数	5	5	10	10	15	15
冻融试件抗压强度 $R_{Dc0.95}$/MPa	7.5	10.6	6.2	9.5	5.6	8.7
残余强度比 BDR	85.22%	92.17%	70.45%	82.61%	63.64%	75.65%

表 7.29　各混合料 90 d 冻融试验结果

混合料类型	CSM	ASM	CSM	ASM	CSM	ASM
冻融次数	5	5	10	10	15	15
冻融试件抗压强度 $R_{Dc0.95}$/MPa	9.3	13.4	8.0	12.2	7.3	11.4
残余强度比 BDR	89.42%	94.37%	76.92%	85.92%	70.19%	80.28%

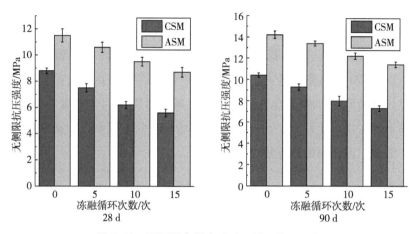

图 7.28　不同混合料冻融后无侧限抗压强度

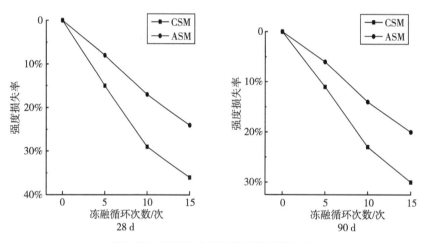

图 7.29　不同混合料冻融后强度损失率

由表 7.28、表 7.29 和图 7.28 可以看出，CSM 和 ASM 两种混合料在各龄期下经过
冻融循环后的抗压强度均有所下降，且随着冻融次数的增多，抗压强度继续下降。还
可以看出，ASM 在各龄期经历各冻融循环后的残余强度比比 CSM 的要高，ASM 在 28 d
龄期经历 5 次、10 次和 15 次冻融循环后的残余强度比比 CSM 分别高 6.95%、12.16%
和 12.01%，90 d 龄期下的分别高 4.95%、8.99% 和 10.09%，ASM 的抗冻性能优良。
从表 7.28、表 7.29、图 7.28 和图 7.29 可以看出，28 d 龄期冻融后各混合料无侧限抗
压强度受冻融作用的影响较之 90 d 龄期的明显。

随冻融次数增加，各混合料强度持续下降可能是因为在-18 ℃的低温环境中混合料内部水分在冰冻作用下在空隙中结冰膨胀，对混合料内部成分形成挤压作用，破坏其内部结构，影响试件内部骨架结构之间的黏结，同时冰冻完成后试件又被放入水中浸泡，自由水又重新进入试件内部空隙，多次循环后导致混合料内部空隙逐渐扩大，内部结构不再致密，最终导致冻融后试件的强度下降[153]。ASM 残余强度比 CSM 高的原因可能是 ASM 中的胶凝材料在水化过程中 C-S-H、AFt 等水化产物的产生速度要比 CSM 的快，能有效减少试件内部的空隙率，抵抗空隙水的进入，同时使得混合料内部成分间的连接更加紧密，增强了试件内部的整体性，从而引起材料抗冻性能的提升。随龄期增加冻融作用导致的各混合料强度损失减弱可能是因为随着养护龄期的增长，使试件内部的水化反应更加充分，生成更多的水化产物，将试件内部各组分紧密连接在一起，内部结构致密，水分不易进入试件内部空隙中，受冻胀压力的影响较小。

（6）疲劳性能

根据表 7.19 得到的最大干密度和最佳含水率，按照碱激发钛石膏胶凝材料稳定碎石圆柱试件制备方法制备 ASM 和 CSM，并在标准养护条件下养护 90 d，然后根据疲劳性能试验方法进行疲劳试验。

1）CSM 疲劳寿命分析

CSM 混合料在 0.60、0.65、0.70、0.75 4 个应力水平下的劈裂疲劳数据及 Weibull 分布数据如表 7.30 所示，各应力水平下 CSM 混合料的 Weibull 分布拟合结果如图 7.30 所示。

表 7.30 CSM 疲劳寿命分析

应力水平	编号 i	保证率 P	$-\ln[\ln(1/P)]$	疲劳寿命 N_i/次
0.60	1	0.86	1.869 8	41 202
	2	0.71	1.089 2	76 047
	3	0.57	0.580 5	109 604
	4	0.43	0.165 7	184 954
	5	0.29	−0.225 4	241 592
	6	0.14	−0.665 7	322 055

续表

应力水平	编号 i	保证率 P	$-\ln\left[\ln\left(1/P\right)\right]$	疲劳寿命 $Ni/$次
0.65	1	0.86	1.869 8	13 413
	2	0.71	1.089 2	26 303
	3	0.57	0.580 5	31 698
	4	0.43	0.165 7	37 047
	5	0.29	-0.225 4	49 789
	6	0.14	-0.665 7	58 633
0.70	1	0.86	1.869 8	6112
	2	0.71	1.089 2	9562
	3	0.57	0.580 5	10 764
	4	0.43	0.165 7	14 646
	5	0.29	-0.225 4	18 166
	6	0.14	-0.665 7	27 789
0.75	1	0.86	1.869 8	3055
	2	0.71	1.089 2	4600
	3	0.57	0.580 5	5271
	4	0.43	0.165 7	7028
	5	0.29	-0.225 4	8257
	6	0.14	-0.665 7	10 989

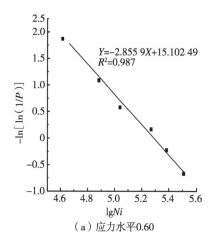

（a）应力水平0.60

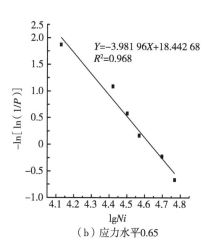

（b）应力水平0.65

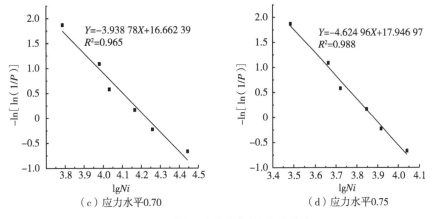

图 7.30　CSM 疲劳寿命 Weibull 分布

从图 7.30 可以看出，各应力水平下 CSM 混合料的 $-\ln[\ln(1/P)]$ 和 $\lg N_i$ 拟合曲线的相关系数都在 0.95 以上，线性拟合效果显著，说明 CSM 的劈裂疲劳数据服从 Weibull 分布，可根据线性拟合方程求出各应力水平下 CSM 的 50% 和 95% 保证率下对数疲劳寿命数据，如表 7.31 所示。

表 7.31　不同保证率下 CSM 的对数疲劳寿命

应力比	50%保证率下对数疲劳寿命	95%保证率下对数疲劳寿命
0.60	5.1598	4.2481
0.65	4.5395	3.8856
0.70	4.1373	3.4763
0.75	3.8012	3.2382

2）ASM 疲劳寿命分析

ASM 混合料在 0.60、0.65、0.70、0.75 4 个应力水平下的相关疲劳参数如表 7.32 所示，各应力水平下 ASM 混合料的 Weibull 分布拟合结果如图 7.31 所示。

表 7.32　ASM 疲劳寿命分析

应力水平	编号 i	保证率 P	$-\ln\left[\ln\left(1/P\right)\right]$	疲劳寿命 Ni
	1	0.86	1.8698	85 336
	2	0.71	1.0892	159 616
	3	0.57	0.5805	182 610
0.60	4	0.43	0.1657	227 292
	5	0.29	−0.2254	243 530
	6	0.14	−0.6657	281 922
	1	0.86	1.8698	29 623
	2	0.71	1.0892	35 058
	3	0.57	0.5805	41 622
0.65	4	0.43	0.1657	50 108
	5	0.29	−0.2254	61 930
	6	0.14	−0.6657	76 298
	1	0.86	1.8698	10 406
	2	0.71	1.0892	14 058
	3	0.57	0.5805	15 888
0.70	4	0.43	0.1657	22 570
	5	0.29	−0.2254	27 810
	6	0.14	−0.6657	34 734
	1	0.86	1.8698	3773
	2	0.71	1.0892	6691
	3	0.57	0.5805	8445
0.75	4	0.43	0.1657	9519
	5	0.29	−0.2254	11 687
	6	0.14	−0.6657	13 677

从图 7.31 可以看出，各应力水平下 ASM 混合料的 $-\ln[\ln(1/P)]$ 和 $\lg N_i$ 拟合曲线的相关系数都在 0.90 以上，拟合效果显著，ASM 的疲劳寿命数据服从 Weibull 分布，可根据线性拟合方程求出各应力水平下 ASM 的 50% 和 95% 保证率下对数疲劳寿命数据，如表 7.33 所示。

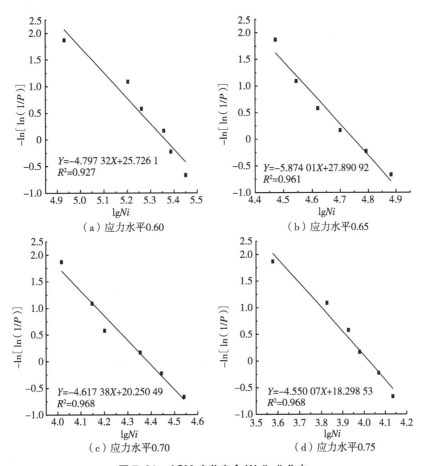

图 7.31 ASM 疲劳寿命 Weibull 分布

表 7.33 不同保证率下 ASM 的对数疲劳寿命

应力比	50%保证率下对数疲劳寿命	95%保证率下对数疲劳寿命
0.60	5.2862	4.7435
0.65	4.6858	4.2425
0.70	4.3063	3.7424
0.75	3.9410	3.3688

3）疲劳性能对比分析

根据表 7.31 和表 7.33 中的对数疲劳寿命数据，分别进行 50% 和 95% 保证率下 CSM 和 ASM 的疲劳方程线性拟合，拟合结果如表 7.34、表 7.35 和图 7.32、图 7.33 所示。

表 7.34 不同保证率下 CSM 的疲劳方程

保证率	疲劳方程	相关系数 R^2
50%	$Y=-8.956\sigma/S+10.454\,75$	0.968\,73
95%	$Y=-6.879\sigma/S+8.354\,7$	0.984\,32

表 7.35 不同保证率下 ASM 的疲劳方程

保证率	疲劳方程	相关系数 R^2
50%	$Y=-8.830\,2\sigma/S+10.515\,21$	0.975\,84
95%	$Y=-9.248\,4\sigma/S+10.266\,97$	0.993\,23

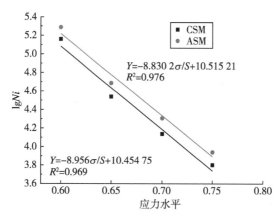

图 7.32 不同混合料 50%保证率下疲劳方程

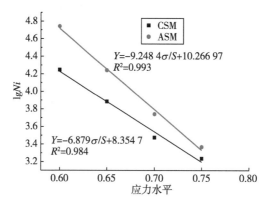

图 7.33 不同混合料 95%保证率下疲劳方程

从表 7. 34 和表 7. 35 可以看出,CSM 和 ASM 混合料在 50% 和 95% 保证率下的疲劳方程拟合相关系数均大于 0. 96,拟合效果优良。疲劳曲线的斜率代表了材料的力学敏感性,斜率越大说明应力水平的变化对混合料疲劳寿命的影响越大,曲线的截距为混合料抗疲劳性能,截距越大,说明混合料的抗疲劳性能越好[154],从表 7. 34、表 7. 35、图 7. 32 和图 7. 33 可以看出,不同保证率下 ASM 混合料疲劳方程的截距均大于 CSM 的,且 ASM 混合料的疲劳方程位于 CSM 混合料的疲劳方程之上,ASM 在各应力水平下的对数疲劳寿命大于 CSM 的,因此 ASM 混合料的抗疲劳性能优于 CSM 混合料的。

(7) 冻融后疲劳性能

根据表 7. 19 得到的最大干密度和最佳含水率,按照碱激发钛石膏矿渣胶凝材料稳定碎石圆柱试件制备方法制备 ASM,并在标准养护条件下养护 90 d,然后根据抗冻性能试验方法对 ASM 进行 5 次、10 次和 15 次的冻融试验,再根据疲劳性能试验方法对冻融后的 ASM 进行疲劳性能测试。

1)冻融后 ASM 疲劳寿命分析

表 7. 36 至表 7. 39 分别为 ASM 在冻融 0 次、5 次、10 次和 15 次后在 0. 60、0. 65、0. 7 和 0. 75 4 个应力水平下的疲劳寿命数据。

表 7. 36　冻融 0 次 ASM 疲劳寿命数据

应力水平	编号						平均值
	1	2	3	4	5	6	
0. 60	85 336	159 616	182 610	227 292	243 530	281 922	196 718
0. 65	29 623	35 058	41 622	50 108	61 930	76 298	49 107
0. 70	10 406	14 058	15 888	22 570	27 810	34 734	20 911
0. 75	3773	6691	8445	9519	11 687	13 677	8965

表 7. 37　冻融 5 次 ASM 疲劳寿命数据

应力水平	编号						平均值
	1	2	3	4	5	6	
0. 60	60 703	92 009	124 372	129 460	155 499	178 001	123 341
0. 65	14 632	16 483	22 141	26 679	32 019	35 852	24 634
0. 70	5418	7876	9449	10 077	11 369	12 386	9429
0. 75	1634	2394	3041	3662	4795	5603	3522

表 7.38　冻融 10 次 ASM 疲劳寿命数据

应力水平	编号						平均值
	1	2	3	4	5	6	
0.60	51 776	55 934	74 532	83 309	107 619	145 935	86 518
0.65	10 746	13 910	17 460	19 243	23 260	29 181	18 967
0.70	3683	5013	6203	7176	9393	10 346	6969
0.75	1080	2042	2452	2670	3183	4321	2625

表 7.39　冻融 15 次 ASM 疲劳寿命数据

应力水平	编号						平均值
	1	2	3	4	5	6	
0.60	30 724	45 134	61 945	82 715	99 052	136 064	75 939
0.65	6816	9299	13 381	13 839	21 630	29 523	15 748
0.70	2002	3410	5053	6084	7497	9202	5541
0.75	953	1484	1848	2198	2443	3722	2108

由表 7.36 至表 7.39 可以看出，ASM 的疲劳寿命在冻融后有所下降，且随着冻融次数的增加持续下降。以每组 ASM 试件疲劳寿命的平均值为对应疲劳寿命，并以此疲劳寿命进行不同冻融次数和不同应力水平下的 ASM 剩余疲劳寿命百分率计算。

表 7.40 和图 7.34 为不同冻融次数和应力水平下 ASM 剩余疲劳寿命百分率。

表 7.40　不同冻融次数和应力水平下 ASM 剩余疲劳寿命百分率

应力水平	冻融次数/次			
	0	5	10	15
0.60	100%	63%	44%	39%
0.65	100%	50%	39%	32%
0.70	100%	45%	33%	26%
0.75	100%	39%	29%	24%

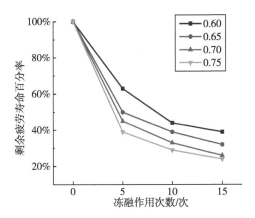

图 7.34 不同冻融次数下 ASM 剩余疲劳寿命百分率

从表 7.40 和图 7.34 可以看出，随着冻融循环作用次数的增加，ASM 的剩余疲劳寿命百分率逐渐下降，且下降趋势逐渐变缓，当应力水平为 0.60 时，冻融作用 5 次、10 次和 15 次的 ASM 剩余疲劳寿命百分率分别为 63%、44% 和 39%；当应力水平为 0.65 时，冻融作用 5 次、10 次和 15 次的 ASM 剩余疲劳寿命百分率分别为 50%、39% 和 32%；当应力水平为 0.70 时，冻融作用 5 次、10 次和 15 次的 ASM 剩余疲劳寿命百分率分别为 45%、33% 和 26%；当应力水平为 0.75 时，冻融作用 5 次、10 次和 15 次的 ASM 剩余疲劳寿命百分率分别为 39%、29% 和 24%，以上对 ASM 剩余疲劳寿命百分率的试验结果与王一琪的试验结果[155] 接近甚至更优。从表 7.40 和图 7.34 还可以看出 ASM 的剩余疲劳寿命百分率也随应力水平的增加而逐渐下降。

2）冻融后 ASM 疲劳方程建立

ASM 混合料在不同应力比下的 Weibull 分布拟合结果如图 7.35 至图 7.37 所示。

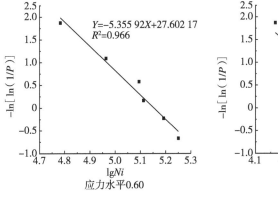

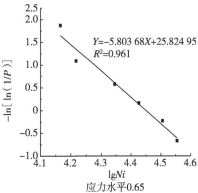

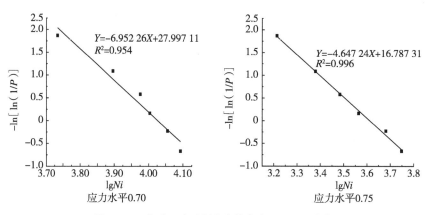

图 7.35　冻融 5 次 ASM 疲劳寿命 Weibull 分布

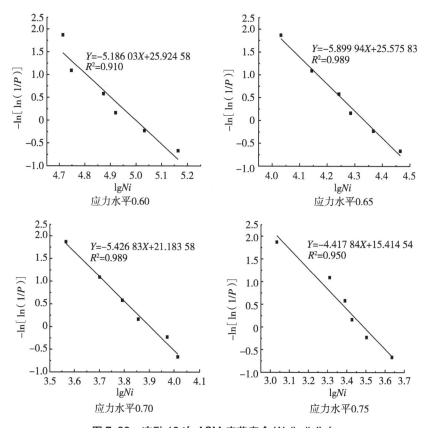

图 7.36　冻融 10 次 ASM 疲劳寿命 Weibull 分布

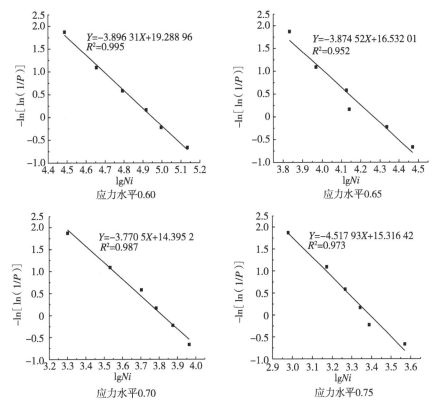

图 7.37 冻融 15 次 ASM 疲劳寿命 Weibull 分布

从图 7.35 至图 7.37 可以看出，各冻融作用次数和应力比下 ASM 混合料的 $-\ln[\ln(1/P)]$ 和 $\lg N_i$ 拟合曲线的拟合相关系数均在 0.90 以上，线性拟合效果较好，说明冻融后 ASM 的疲劳数据服从 Weibull 分布，可根据线性拟合方程求出各应力水平下 ASM 在不同保证率下的对数疲劳寿命数据，具体疲劳数据如表 7.41 至表 7.43 所示。

表 7.41　不同保证率下冻融 5 次 ASM 的对数疲劳寿命

应力比	50%保证率下对数疲劳寿命	95%保证率下对数疲劳寿命
0.60	5.0852	4.5990
0.65	4.3866	3.9380
0.70	3.9743	3.5998
0.75	3.5335	2.9732

表 7.42 不同保证率下冻融 10 次 ASM 的对数疲劳寿命

应力比	50%保证率下对数疲劳寿命	95%保证率下对数疲劳寿命
0.60	4.9283	4.4262
0.65	4.2728	3.8315
0.70	3.8360	3.3562
0.75	3.4062	2.8168

表 7.43 不同保证率下冻融 15 次 ASM 的对数疲劳寿命

应力比	50%保证率下对数疲劳寿命	95%保证率下对数疲劳寿命
0.60	4.8565	4.1883
0.65	4.1723	3.5003
0.70	3.7206	3.0301
0.75	3.3090	2.7327

根据表 7.33、表 7.41 至表 7.43 对数疲劳寿命数据分别进行不同冻融作用次数下 50%和 95%保证率 ASM 的疲劳方程拟合，拟合结果如表 7.44、表 7.45、图 7.38 至图 7.41 所示。

表 7.44 50%保证率下不同冻融次数 ASM 的疲劳方程

冻融次数	疲劳方程	R^2
0	$Y=-8.830\ 2\sigma/S+10.515\ 21$	0.975 84
5	$Y=-10.134\ 8\sigma/S+11.085\ 89$	0.975 22
10	$Y=-10.006\ 2\sigma/S+10.865\ 01$	0.982 26
15	$Y=-10.188\ 4\sigma/S+10.891\ 77$	0.976 75

表 7.45 95%保证率下不同冻融次数 ASM 的疲劳方程

冻融次数	疲劳方程	R^2
0	$Y=-9.248\ 4\sigma/S+10.266\ 97$	0.993 23
5	$Y=-10.431\ 2\sigma/S+10.818\ 56$	0.979 36
10	$Y=-10.607\sigma/S+10.7674$	0.997 39
15	$Y=-9.674\sigma/S+9.8928$	0.952 52

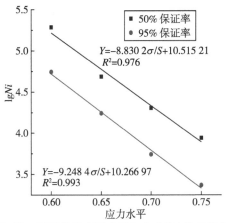

图 7.38　不同保证率下冻融 0 次 ASM 的疲劳方程

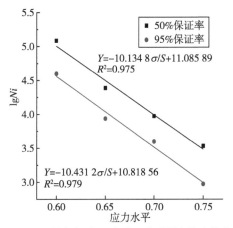

图 7.39　不同保证率下冻融 5 次 ASM 的疲劳方程

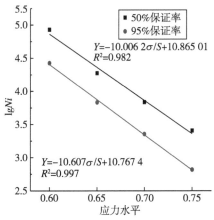

图 7.40　不同保证率下冻融 10 次 ASM 的疲劳方程

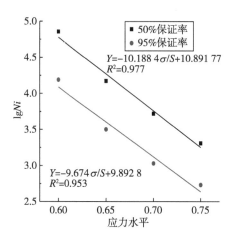

图 7.41　不同保证率下冻融 15 次 ASM 的疲劳方程

7.4　本章小结

首先，本章根据第三章中确定的碱激发钛石膏矿渣胶凝材料组成范围，采用 Na_2O 用量为 4%，钛石膏掺量分别为 20%、30% 和 40% 的配合比制备碱激发胶凝材料，并采用碱胶石比为 5∶95、10∶90 和 15∶85 进行配合比确定研究，具体步骤如下：①确定了不同配合比下碱激发胶凝材料稳定碎石混合料的最大干密度和最佳含水率。②以 7 d 和 28 d 抗压强度、劈裂强度、水稳定性系数和干缩系数为指标确定了碱激发胶凝材料稳定碎石的配合比。本部分结论如下：

①根据无侧限抗压强度和劈裂强度试验结果，7 d 和 28 d 龄期碱激发胶凝材料稳定碎石的无侧限抗压强度和劈裂强度均随着胶石比的增大而增大，在胶石比为 15∶85 时出现强度峰值。7 d 和 28 d 龄期的混合料的无侧限抗压强度和劈裂强度均随钛石膏掺量的增加呈先上升后下降趋势，在钛石膏掺量为 30% 时，出现强度峰值，表明胶凝材料中掺入适量钛石膏对混合料的强度有一定提升作用，但如果钛石膏掺入过量会对混合料的强度产生不利影响。混合料 28 d 龄期的强度较 7 d 龄期的增幅较大。

②根据水稳定性试验结果，碱激发胶凝材料稳定碎石的 7 d 和 28 d 水稳定性系数在各胶石比下均随钛石膏掺量的增大而逐渐降低，表明钛石膏本身水稳定性较差，如果钛石膏掺量过多会对混合料的水稳定性产生不利影响。当钛石膏掺量为 20% 和 30% 时，混合料 7 d 和 28 d 的水稳定性系数随胶石比增加而下降，钛石膏掺量为 40% 时，

随胶石比增加而上升。随着养护龄期的增加，混合料的水稳定系数更接近 1.0。

③根据干缩性能试验结果，碱激发胶凝材料稳定碎石的 7 d 和 28 d 干缩系数在各胶石比下随钛石膏掺量增大而逐渐变小，钛石膏掺量为 40% 时，干缩系数最小，但与钛石膏掺量为 30% 时相差不大。干缩系数在各钛石膏掺量下随胶石比增大而逐渐增大，在胶石比为 5∶95 时最小，胶石比为 15∶85 时最大。

④综合无侧限抗压强度、劈裂强度、水稳定性和干缩性能等试验结果，适宜配合比：胶石比为 5∶95、钛石膏掺量为 30%。

其次，以 7.1 确定的钛石膏掺量为 30%，胶石比为 5∶95 的配合比制备碱激发钛石膏矿渣胶凝材料稳定碎石，进行抗压强度和劈裂强度测等力学性能测试，并与水泥稳定碎石的力学性能进行对比研究。本部分结论如下：

①根据力学性能试验结果，碱激发胶凝材料稳定碎石的抗压强度和劈裂强度均随养护龄期的增长而增大，但强度增大趋势在各个龄期范围内有所不同，在 7 d 龄期内强度增大最快，7~28 d 龄期内强度增大明显，28~60 d 龄期内强度增长变缓，60~90 d 龄期内强度增长趋于平缓。

②碱激发胶凝材料稳定碎石的抗压强度和劈裂强度在 7 d、28 d、60 d、90 d 时均比水泥稳定碎石高，力学性能表现优良。

最后，按照 7.1 确定的碱激发钛石膏矿渣胶凝材料稳定碎石配合比，制备了碱激发钛石膏矿渣胶凝材料稳定碎石（ASM）和水泥稳定碎石（CSM），进行了水稳定性、抗冲刷性、干缩性、抗冻性、碳化性、疲劳性等耐久性对比，并研究经冻融作用后 ASM 混合料的疲劳性能。本部分结论如下：

①根据水稳定性试验结果，7 d ASM 的水稳定性系数为 1.12，CSM 的水稳定性系数为 0.85；28 d ASM 的水稳定性系数为 1.07，CSM 的水稳定性系数为 0.92；90 d ASM 的水稳定性系数为 1.04，CSM 的水稳定性系数为 0.97。ASM 在各龄期的水稳定性系数大于 CSM 的，说明 ASM 的水稳定性整体优于 CSM 的。

②根据抗冲刷试验结果，CSM 和 ASM 的冲刷质量损失均随龄期的增长而减少，且在各龄期 ASM 的冲刷质量损失均比 CSM 的少，说明 ASM 抗冲刷性能较 CSM 的优良，且其抗水侵蚀性能较优。

③根据干缩试验结果，CSM 和 ASM 两种混合料的累计失水率变化趋势一致，均随着龄期的增长总体呈上升趋势，且在 7 d 内失水率增长较快，7~31 d 失水率增长变缓，31 d 以后失水率基本趋于平缓。CSM 和 ASM 两种混合料的干缩系数变化趋势也基本一致，也是随着龄期的增长呈上升趋势，干缩系数在 7 d 内增长较快，7~31 d 增长变缓，

31 d 后基本趋于平缓。ASM 在各个龄期下的干缩系数明显低于 CSM 的干缩系数，ASM 的抗开裂性能表现更优。

④根据碳化试验结果，CSM 碳化后抗压强度下降不明显，而 ASM 碳化后抗压强度下降明显，标准养护 28 d 的 ASM 经历 3 d、7 d 和 14 d 碳化作用后的强度损失率比 CSM 分别高 11.37%、19.27% 和 23.69%，90 d 龄期的强度损失率分别高 7.49%、13.06% 和 15.55%，ASM 的抗碳化性能较差。

⑤根据冻融试验结果，CSM 和 ASM 两种混合料在各龄期经过冻融循环之后的抗压强度均有所下降，且随着冻融次数的增多，抗压强度继续下降。ASM 在各龄期经历各冻融循环次数后的强度损失率比 CSM 要低，ASM 在 28 d 龄期经历 5 次、10 次和 15 次冻融循环后的强度损失率比 CSM 分别低 6.95%、12.16% 和 12.01%，90 d 龄期的强度损失率分别低 4.94%、8.99% 和 10.09%，ASM 的抗冻性能较 CSM 的优秀。

⑥根据疲劳试验结果，在 50% 和 95% 保证率下，ASM 的疲劳方程的截距大于 CSM 的，且 ASM 混合料的疲劳方程位于 CSM 混合料之上，ASM 在各应力水平下的对数疲劳寿命大于 CSM 的，ASM 的抗疲劳性能较 CSM 好。

⑦ASM 的水稳定性能、抗冲刷性能、干缩性能、抗冻性能、疲劳性能相较于 CSM 的更优，但碳化性能比 CSM 的差。

⑧根据冻融后 ASM 的疲劳试验结果，随着冻融循环作用次数的增加，ASM 的剩余疲劳寿命百分率逐渐下降，且下降趋势逐渐变缓，当应力水平为 0.60 时，冻融作用 5 次、10 次和 15 次的 ASM 剩余疲劳寿命百分率分别为 63%、44% 和 39%；当应力水平为 0.65 时，冻融作用 5 次、10 次和 15 次和 ASM 剩余疲劳寿命百分率分别为 50%、39% 和 32%；当应力水平为 0.70 时，冻融作用 5 次、10 次和 15 次的 ASM 剩余疲劳寿命百分率分别为 45%、33% 和 26%；当应力水平为 0.75 时，冻融作用 5 次、10 次和 15 次的 ASM 剩余疲劳寿命百分率分别为 39%、29% 和 24%。

第八章 碱激发钛石膏矿渣赤泥胶凝材料稳定碎石

8.1 胶石比确定

8.1.1 原材料

本部分所用钛石膏、矿渣、赤泥同 3.1，所用碎石同 7.1。

8.1.2 试验方案与方法

（1）试验方案

碱激发钛石膏矿渣赤泥稳定碎石混合料作为一种新的路面基层材料，胶石比是胶凝材料与粗细集料的质量比值。按照第三章确定的适宜配比范围，选择强度较高的一组胶凝胶料用于此部分，即配合比为膏渣比 4∶6、赤渣比 1∶4、硅酸钠 6%。胶石比试验范围从 5%~25%，按照 5% 递增；以 7 d、28 d 材料的无侧限抗压强度、劈裂强度、水稳定性及干缩性能作为评价指标，探究不同胶石比对碱激发钛石膏矿渣赤泥胶凝材料稳定碎石的影响。试验方案如表 8.1 所示。本部分所用级配同 7.1.2，级配曲线如图 8.1 所示。

表 8.1　胶石比试验方案

试验编号	胶凝材料掺量	粗细集料掺量	指标
MIX1	5%	95%	
MIX2	10%	90%	7 d、28 d 无侧限抗压强度
MIX3	15%	85%	7 d、28 d 水稳定性 7 d、28 d 劈裂强度
MIX4	20%	80%	7 d、28 d 干缩性能
MIX5	25%	75%	

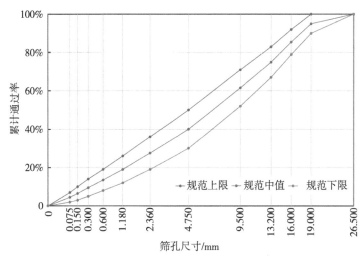

图 8.1 C-C-3 级配曲线

（2）试验方法

碱激发钛石膏矿渣赤泥胶凝材料稳定碎石混合料的制备、无侧限抗压强度试验、劈裂强度试验、水稳定性试验和干缩性能试验过程同 7.1.2。碱激发钛石膏矿渣赤泥胶凝材料稳定碎石圆柱试块的制备及养护过程如图 8.2 所示。

| 拌和 | 填料 | 压实 |
| 脱模 | 养护箱养护 | 浸水养护 |

图 8.2 碱激发钛石膏矿渣赤泥胶凝材料稳定碎石圆柱试块的制备及养护过程

8.1.3　试验结果与分析

（1）击实试验

将胶石比试验方案的 5 种不同胶石比的碱激发钛石膏矿渣赤泥胶凝材料稳定碎石进行击实试验，获得最大干密度下的最佳含水率，试验结果如表 8.2 所示。

表 8.2　碱激发钛石膏矿渣赤泥胶凝材料稳定碎石的击实结果

试验编号	胶凝材料掺量	粗细集料掺量	最大干密度/（g/cm³）	最佳含水率
MIX1	5%	95%	2.396	4.8%
MIX2	10%	90%	2.312	5.7%
MIX3	15%	85%	2.270	6.5%
MIX4	20%	80%	2.223	7.1%
MIX5	25%	75%	2.180	7.9%

（2）无侧限抗压强度

按照无侧限抗压强度试验方法进行试验，无侧限抗压强度试验如图 8.3 所示。不同龄期、不同胶石比混合料无侧限抗压强度试验结果如表 8.3 所示。

图 8.3　无侧限抗压强度试验示意

表 8.3　不同龄期、不同胶石比混合料无侧限抗压强度试验结果

胶石比	7 d		28 d	
	变异系数 C_V	$R_{C0.95}$/MPa	变异系数 C_V	$R_{C0.95}$/MPa
5∶95	13.42%	3.5	11.85%	10.8
10∶90	12.34%	5.8	10.56%	13.6

续表

胶石比	7 d		28 d	
	变异系数 C_V	$R_{C0.95}$/MPa	变异系数 C_V	$R_{C0.95}$/MPa
15:85	12.14%	8.3	10.21%	16.9
20:80	10.96%	10.50	9.64%	20.4
25:75	9.42%	12.2	7.86%	22.1

不同胶石比的碱激发钛石膏矿渣赤泥胶凝材料稳定碎石经标准养护和浸水养护 7 d 和 28 d 后，无侧限抗压强度如图 8.4 和图 8.5 所示。表 8.4 给出了《公路路面基层施工技术细则》（JTG/T F20—2015）中对水泥稳定材料的 7 d 无侧限抗压强度标准。

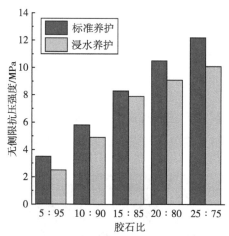

图 8.4　不同胶石比的碱激发钛石膏矿渣赤泥胶凝材料稳定碎石养护 7 d 无侧限抗压强度

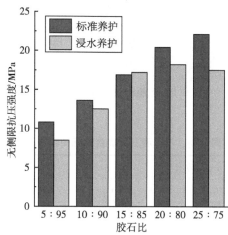

图 8.5　不同胶石比的碱激发钛石膏矿渣赤泥胶凝材料稳定碎石养护 28 d 无侧限抗压强度

表 8.4　水泥稳定材料的 7 d 无侧限抗压强度标准 R_d　　　单位：MPa

结构层	公路等级	极重、特重交通	重交通	中轻交通
基层	高速公路和一级公路	5.0~7.0	4.0~6.0	3.0~5.0
	二级及以下公路	4.0~6.0	3.0~5.0	2.0~4.0

从图 8.4 可以看出，在标准养护条件下，胶石比为 5∶95 的碱激发钛石膏矿渣赤泥胶凝材料稳定碎石试件的无侧限抗压强度为 3.5 MPa，明显低于其他胶石比制备的试件，其仅满足《公路路面基层施工技术细则》（JTG/T F20—2015）对二级及以下等级公路的重交通水泥稳定碎石基层（3~5）MPa 的强度下限要求，这是由于碱激发钛石膏矿渣赤泥胶凝材料含量较少而级配碎石较多，此时试件的强度主要依靠碎石之间嵌挤形成的骨架来提供，碱激发钛石膏矿渣赤泥胶凝材料的数量不足以填充骨架间的空隙，导致试件总体强度减弱；当胶石比增加到 10∶90 时，碱激发钛石膏矿渣赤泥胶凝材料稳定碎石的强度达到了二级及以下极重、特重交通的下限，但未能超过上限；当胶石比增加到 15∶85 时，碱激发钛石膏矿渣赤泥胶凝材料稳定碎石的强度超过了水泥稳定材料路面基层的 7 d 强度标准，且随着胶石比的进一步增大，后续胶石比的碱激发钛石膏矿渣赤泥胶凝材料稳定碎石强度均超过了基层水泥稳定材料的 7 d 强度标准，这是由于随着胶石比的增大，碱激发钛石膏矿渣赤泥胶凝材料的含量逐渐增多，碱激发钛石膏矿渣赤泥胶凝材料充分填充在碎石形成的骨架空隙中形成骨架密实结构，因此，碱激发钛石膏矿渣赤泥胶凝材料稳定碎石的早期强度较高。

从图 8.5 可以看出，标准养护 28 d 后，胶石比为 25∶75 的碱激发钛石膏矿渣赤泥胶凝材料稳定碎石试件的无侧限抗压强度可以达到 22.1 MPa，明显高于其他组试件，可能是由于胶凝材料含量较多且聚合反应充分生成了更多且强度更高的凝胶产物，将试件内部空隙填满，使试样内部结构连接更紧密，有利于提高试件的后期强度。从图 8.5 还可以看出，随着胶石比的增加，碱激发钛石膏矿渣赤泥胶凝材料稳定碎石的无侧限抗压强度也随之增加，这是由于随着胶凝材料含量的增加，在碱性环境中能更快地分解出硅铝离子，能生成更多的水化硅酸钙凝胶和钙矾石等产物，且生成凝胶的速度更快，充分填充试件内部，能明显提高试件的强度。

结合图 8.4 和图 8.5 可以看出，养护 28 d 后的试件强度明显高于养护 7 d 的试件强度，胶石比为 5∶95、10∶90、15∶85、20∶80 和 25∶75 下标准养护 28 d 的试件较养护 7 d 的强度分别增加了 208.57%、134.48%、103.61%、94.29% 和 81.15%，这是由于随着养护龄期的增长，试件内部的硅铝离子进行充分聚合反应，生成了更多的凝胶

产物，填充了骨架间的空隙，使试件结构的连接更紧密，有利于强度的提高。从图 8.4
和图 8.5 还可以看出浸水养护后的强度在总体上低于标准养护的强度，胶石比为
5∶95、10∶90、15∶85、20∶80 和 25∶75 下浸水养护 28 d 的试件较养护 7 d 的强度
分别增加了 240%、155.1%、117.72%、100% 和 73.27%。

（3）劈裂强度

不同胶石比下碱激发钛石膏矿渣赤泥胶凝材料稳定碎石的劈裂强度如图 8.6 所示，
从图 8.6 可以看出，碱激发钛石膏矿渣赤泥胶凝材料稳定碎石的劈裂强度随胶石比的
增加而不断增强，7 d 劈裂强度在胶石比为 25∶75 时达到 0.79 MPa，同时劈裂强度也
随着龄期的增长而不断增强，胶石比为 5∶95、10∶90、15∶85、20∶80 和 25∶75 时
7 d 龄期的劈裂强度较 28 d 龄期的分别增强了 25%、30.19%、31.25%、29.58%
和 27.85%。

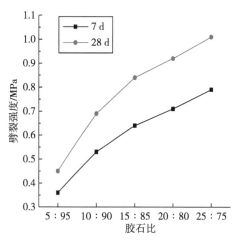

图 8.6　不同胶石比下碱激发钛石膏矿渣赤泥胶凝材料稳定碎石的劈裂强度

（4）水稳定性

碱激发钛石膏矿渣赤泥胶凝材料稳定碎石不同龄期的软化系数如图 8.7 所示。

由图 8.7 可以看出，养护 7 d 的碱激发钛石膏矿渣赤泥胶凝材料稳定碎石的软化系
数随胶石比的增大先增大后减小，软化系数在胶石比为 15∶85 时出现峰值。养护 7 d
的试件随着碱激发钛石膏矿渣赤泥胶凝材料含量的增多，碱激发钛石膏矿渣赤泥胶凝
材料充分填充试件内部空隙，使试件内部结构紧密，试件的水稳定性显著增加，故软
化系数呈先上升的趋势；但当碱激发钛石膏矿渣赤泥胶凝材料含量超过 15% 时，钛石
膏的掺量超出界限，开始对试件的水稳定性产生不利影响，故试件的水稳定性开始逐

渐降低，软化系数呈下降的趋势。除了胶石比 15：85~20：80 的碱激发钛石膏矿渣赤泥胶凝材料稳定碎石的软化系数大于 0.85 外，其他胶石比试件的软化系数均小于 0.85，说明碱激发钛石膏矿渣赤泥胶凝材料稳定碎石在胶石比为 15：85~20：80 的水稳定性较好。

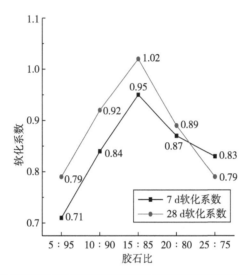

图 8.7　碱激发钛石膏矿渣赤泥胶凝材料稳定碎石不同龄期下的软化系数

从图 8.7 还可以看出，养护 28 d 试件的软化系数也随着胶石比的增大呈先增大后减小的趋势，峰值同样出现在胶石比为 15：85 处，与 7 d 水稳定性的结果一致，说明该胶石比下碱激发钛石膏矿渣赤泥胶凝材料稳定碎石的水稳定性最优。除胶石比分别为 5：95 和 25：75 时试件的软化系数为 0.79，略低于要求的 0.85 外，其他各组试件的软化系数均大于 0.85，说明养护 28 d 后试件的水稳定性整体较好；与养护 7 d 试件的软化系数相比，养护 28 d 试件的软化系数大部分有所提高，因此养护 28 d 的耐水性能较好。这是由于随着养护龄期的增长试件持续吸水，试件内部水化反应更充分，水化产物使结构内部空隙被填满，各组分之间的连接更加紧密，使耐水性能有所提高。

（5）干缩性能

不同龄期、不同胶石比碱激发钛石膏矿渣赤泥胶凝材料稳定碎石的失水率如图 8.8 所示，干缩系数如图 8.9 所示。

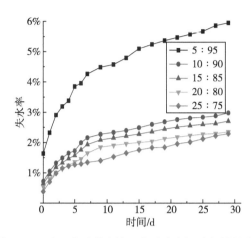

图 8.8　不同龄期、不同胶石比碱激发钛石膏矿渣赤泥胶凝材料稳定碎石的失水率

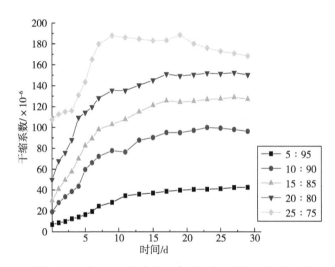

图 8.9　不同龄期、不同胶石比碱激发钛石膏矿渣赤泥胶凝材料稳定碎石的干缩系数

从图 8.8 可以看出，各胶石比的碱激发钛石膏矿渣赤泥胶凝材料稳定碎石的失水率变化趋势基本一致，都是随着时间的增长，总体呈上升趋势，且前期增长较快，后期增长缓慢，这是由于前期试件内部含水率高，但碱激发钛石膏矿渣赤泥胶凝材料水化反应程度低且受外部环境影响使得试件内部水分散失的较快。从图 8.8 还可以看出，随着胶石比的增加，碱激发钛石膏矿渣赤泥胶凝材料稳定碎石的失水率也随之下降。胶石比为 5∶95 时试件的失水率明显高于其他胶石比的试件，这是因为胶石比为 5∶95

时，试件的碎石含量较多而碱激发钛石膏矿渣赤泥胶凝材料含量较少，碎石嵌挤间的空隙较多，碱激发钛石膏矿渣赤泥胶凝材料含量不足以填充空隙，使得空隙内部自由水容易流失，因此失水率较大。随着胶石比的增加，试件内部的空隙逐渐填满，自由水不易流失，故失水率随之下降。

图 8.9 为不同胶石比的碱激发钛石膏矿渣赤泥胶凝材料稳定碎石在不同时间下的干缩系数，从图 8.9 可以看出，随着胶石比的增大，碱激发钛石膏矿渣赤泥胶凝材料稳定碎石的干缩系数也随之增大，这是因为在碱激发钛石膏矿渣赤泥胶凝材料掺量较少时，材料的强度对干缩变形有一定的限制作用，故干缩系数较小；但随着碱激发钛石膏矿渣赤泥胶凝材料含量的增加，碱激发钛石膏矿渣赤泥胶凝材料稳定碎石的强度和干缩变形也随之增加，此时收缩作用大于强度对变形的限制作用，故干缩系数随之变大。从图 8.9 还可以看出各胶石比的碱激发钛石膏矿渣赤泥胶凝材料稳定碎石的干缩系数变化趋势基本相同，都是前期干缩系数增长较快，后期基本持平甚至有所下降。这是因为早期试件内自由水容易流失且早期试件内部水化反应还在初期，水化产物生成较少，对试件内部产生变形的约束效果较弱，导致前期干缩系数增长较快。随着水化反应的进行胶凝体系不断生成钙矾石等水化产物，钙矾石具有膨胀作用，对试件内部的变形起到较强的限制作用，且试件内自由水基本散失完，导致干缩系数的增长基本趋于平缓甚至下降。

（6）胶石比优化方案

通过各胶石比碱激发钛石膏矿渣赤泥胶凝材料稳定碎石的无侧限抗压强度和劈裂强度试验结果，可以确定碱激发钛石膏矿渣赤泥胶凝材料稳定碎石的胶石比越大强度越优。通过水稳定性试验结果，可以确定碱激发钛石膏矿渣赤泥胶凝材料稳定碎石的胶石比应在 15∶85~20∶80 之间；通过干缩性能试验结果发现胶石比为 20∶80 的试件的干缩系数大于胶石比 15∶85 的，综合无侧限抗压强度、劈裂强度、水稳定性、干缩性能等试验结果，确定本试验中碱激发钛石膏矿渣赤泥胶凝材料稳定碎石的最优胶石比为 15∶85。

8.2 制备工艺

8.2.1 原材料

本部分所用钛石膏、矿渣、赤泥同 3.1，所用碎石同 7.1。

8.2.2 试验方案与方法

（1）试验方案

1）钛石膏掺拌方式

考虑到实际工程应用，一方面要进行大规模的搅拌，同时减少能耗，设计了钛石膏湿法掺拌与干法掺拌对比，以 7 d、28 d 的无侧限抗压强度进行技术指标评价。根据 8.1 得到的适宜胶石比范围，确定胶石比为 15∶85 进行试验。试验方案设计如表 8.5 所示。

表 8.5　不同搅拌工艺混合料试验方案

试验编号	搅拌工艺	指标一	指标二
MIX1	干法掺拌	7 d 无侧限抗压强度	28 d 无侧限抗压强度
MIX2	湿法掺拌		

2）养护方式

适宜的养护条件对于混合料的强度增强有着显著的影响，因此，为尽可能避免实际应用过程中洒水不及时带来的影响，通过研究干湿条件下碱激发钛石膏矿渣赤泥胶凝材料稳定碎石的强度变化情况，评价不同湿度条件对其的影响。

根据《公路工程无机结合料稳定材料试验规程》（JTG E51—2009）中对于标准养护条件的规定，环境温度为（20±2）℃，湿度为 98%。本书湿养条件温度采用 20 ℃，湿度为 98%；干养条件温度采用 20 ℃，湿度为 0%，养护方式试验方案设计如表 8.6 所示。

表 8.6　养护试验方案

试验编号	养护方式	指标一	指标二
MIX1	湿养	7 d 无侧限抗压强度	28 d 无侧限抗压强度
MIX2	干养		

（2）试验方法

湿法掺拌是按照传统的混凝土搅拌设备，在实验室主要是砂浆搅拌机和强制式的混凝土搅拌机（单筒卧式）。试验过程如下：从企业堆场取回的钛石膏不经任何处理，直接通过浓度壶测定钛石膏，获得其含水量，根据之前算好的配比，直接配置钛石膏浆体备用，采用砂浆搅拌机搅拌成形；按照计算配比称取需要质量的原材料，将赤泥、矿渣干混后加入单筒卧式混凝土搅拌机中，并加入碎石后搅拌 30 s，再加入相应的钛石膏浆体搅拌 1 min；将搅拌后的混合料按照圆柱形试块成形法静压成型，放入标准条件的环境养护，待养护龄期后的最后一天浸水 24 h，方可取出试块，用毛巾将试件表面擦净，进行无侧限抗压强度测试。

干法掺拌与湿法掺拌的不同在于干法掺拌不需要制备钛石膏浆体。试验过程如下：首先，从堆场取回钛石膏后，放入 60 ℃ 烘箱内进行烘干，将自由水烘干；通过球磨机球磨，共 3 次，每次 10 min；将钛石膏粉末通过 2 mm 筛，全部过筛备用。其次，按照计算后称量好的钛石膏、矿渣、赤泥混合到一起搅拌均匀，再加入粗、细集料进行搅拌，并加入水搅拌均匀（若添加硅酸钠，溶于水后加入）。最后搅拌制成后，将混合料装入圆柱形试块中，成形方法、养护条件、测试方法均与湿法掺拌相同。

8.2.3 试验结果与分析

（1）不同钛石膏掺拌方式对碱激发钛石膏矿渣赤泥胶凝材料稳定碎石混合料的影响

不同钛石膏掺拌方式对碱激发钛石膏矿渣赤泥胶凝材料稳定碎石混合料的影响试验结果如表 8.7、图 8.10 所示。

表 8.7 不同掺拌方式对碱激发钛石膏矿渣赤泥胶凝材料稳定碎石混合料的影响

试验编号	掺拌方式	7 d		28 d	
		变异系数 C_V	$R_{C0.95}$/MPa	变异系数 C_V	$R_{C0.95}$/MPa
MIX1	干法掺拌	12.14%	8.96	10.21%	16.86
MIX2	湿法掺拌	14.56%	3.25	11.96%	9.42

由表 8.7 和图 8.10 可知，对比干法掺拌和湿法掺拌的混合料，抗压强度随龄期的增长而增大。在湿法掺拌条件下，7 d、28 d 龄期混合料的抗压强度水平低于干法掺拌；干法搅拌条件下，混合料 7 d 强度达到 8.96 MPa，28 d 强度可达 16.86 MPa；湿法搅拌条件下，混合料 7 d 强度达到 3.25 MPa，对比干法搅拌强度下降 63.7%，28 d 强度可达 9.42 MPa，同比下降 44.1%。其原因在于湿法掺拌与干法掺拌相比，在流程上和工艺上有所差别，造成钛石膏的分布不均匀。相比干法掺拌，湿法掺拌中钛石膏明显分

散不均匀，而后加入的矿渣与赤泥、激发剂都未能均匀分散开，导致后期形成的试件强度分布不均。而干法掺拌能够在一定程度上使钛石膏、矿渣、赤泥、激发剂制备的胶凝材料搅拌的更加均匀，使强度有所保障。从表 8.7 也可以看出，湿法掺拌的变异系数明显高于干法掺拌的，性能下降较大，与试验结论一致。

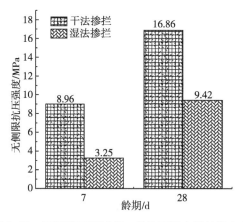

图 8.10　不同钛石膏掺拌工艺抗压强度随龄期变化

（2）不同养护条件对碱激发钛石膏矿渣赤泥胶凝材料稳定碎石混合料的影响

不同养护条件对碱激发钛石膏矿渣赤泥胶凝材料稳定碎石混合料抗压强度影响的试验结果如表 8.8、图 8.11 所示。

表 8.8　不同养护条件对混合料抗压强度影响的试验结果

试验编号	养护条件	7 d		28 d	
		变异系数 C_V	$R_{C0.95}$/MPa	变异系数 C_V	$R_{C0.95}$/MPa
MIX1	湿养	12.14%	8.96	10.21%	16.86
MIX2	干养	10.54%	8.45	8.62%	14.56

由表 8.8 和图 8.11 可知，对比在湿养和干养条件下的混合料，其抗压强度均随着龄期的增长而增大。在干养条件下，7 d、28 d 龄期混合料的抗压强度小于湿养；干养条件下，混合料 7 d 强度达到 8.45 MPa，相比较湿养强度降低 5.6%；混合料 28 d 强度可达 14.56 MPa，相比较湿养强度降低 13.86%，表明混合料应采用湿养，以促进强度发展。其原因可能是水分的加入，维持了混合料中胶凝材料的水化进程，而干养条件下，缺水造成水化进程暂缓。

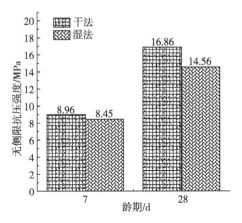

图 8.11 不同养护条件下混合料抗压强度随龄期的变化

8.3 路用性能

8.3.1 原材料

本部分所用钛石膏、矿渣、赤泥同 3.1，所用碎石同 7.1，所用水泥同 7.2。

8.3.2 试验方案与方法

（1）试验方案

根据上述确定的胶石比范围，选定胶石比，展开碱激发钛石膏矿渣赤泥胶凝材料稳定碎石（TGBSM）与公路工程常见的 1#水泥稳定碎石（C-C-3CSM）、2#水泥稳定碎石（C-B-1CSM）进行路用性能对比试验，评价其性能优劣。根据上述确定的胶石比范围，选择胶石比为 15∶85。根据《公路路面基层施工技术细则》（JTG/T F20—2015）推荐级配，选定 1#水泥稳定碎石级配为 C-C-3（二级及以下公路道路基层水稳推荐级配），2#水泥稳定碎石级配为 C-B-1（高速公路和一级公路道路基层水稳推荐级配），取设计中值；水泥含量一般为 4%～6%，因此拟定 1#水泥稳定碎石（C-C-3CSM）和 2#水泥稳定碎石（C-B-1CSM）水泥用量为 5%；C-B-1 级配组成如表 8.9 所示，级配曲线如图 8.12 所示。路用性能试验方案如表 8.10 所示。

表8.9 C-B-1级配组成

筛孔尺寸/mm	C-B-1级配范围		
	规范上限	规范中值	规范下限
26.5	100	100	100
19	86	84	82
16	79	76	73
13.2	72	68.5	65
9.5	62	57.5	53
4.75	45	40	35
2.36	31	26.5	22
1.18	22	17.5	13
0.6	15	11.5	8
0.3	10	7.5	5
0.15	7	5	3
0.075	5	3.5	2

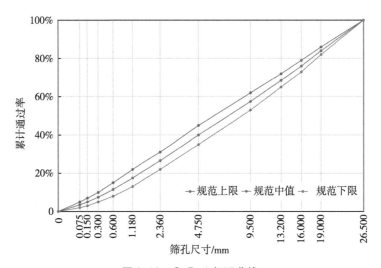

图8.12 C-B-1级配曲线

表 8.10   路用性能试验方案

混合料类型	胶凝材料掺量	碎石掺量	级配	指标
C-C-3CSM	5%	95%	C-C-3	
C-B-1CSM	5%	95%	C-B-1	路用性能
TGBSM	15%	85%	C-C-3	

（2）试验方法

击实试验、无侧限抗压强度试验、劈裂强度试验、干缩性能试验、抗冻性能试验方法同 7.3。

8.3.3   试验结果与分析

（1）击实试验

将上述 C-C-3CSM、C-B-1CSM、TGBSM 混合料进行击实试验，获得最大干密度下的最佳含水率，试验结果如表 8.11 所示。

表 8.11   不同类型混合料击实试验结果

试验编号	最大干密度/(g/cm^3)	最佳含水率
C-C-3CSM	2.424	6.1%
C-B-1CSM	2.440	5.7%
TGBSM	2.270	6.5%

（2）无侧限抗压强度

根据我国目前执行的规范《公路路面基层施工技术细则》（JTG/T F20—2015），7 d 龄期抗压强度是作为无机结合料稳定材料的重要施工控制指标，抗压强度反映的是材料自身抵抗轴向变形的性能指标，如果材料需要应用于高速公路和一级公路，则应测试 7 d 龄期的无侧限抗压强度和 90 d 的无侧限抗压强度，本书目标是应用于二级及以下公路，铺设在道路的基层部分，因此，只有 7 d 无侧限抗压强度是定量的技术要求指标。但是，目前碱激发钛石膏矿渣赤泥胶凝材料稳定碎石还处于实验室试验阶段，仅通过研究这一个指标来说明这种无机混合料是远远不够的，还需要 28 d、60 d、90 d 龄期抗压强度数据共同说明碱激发钛石膏矿渣赤泥胶凝材料稳定碎石的无侧限抗压强度变化。

抗压强度试验示意如图 8.13 所示。

图 8.13 抗压强度试验示意

试验测得混合料的无侧限抗压强度结果如表 8.12、图 8.14 所示。

表 8.12 混合料的无侧限抗压强度试验结果

混合料类型	7 d		28 d		60 d		90 d	
	变异系数 C_V	$R_{C0.95}/$ MPa	变异系数 C_V	$R_{C0.95}/$ MPa	变异系数 C_V	$R_{C0.95}/$ MPa	变异系数 C_V	$R_{C0.95}/$ MPa
C-C-3CSM	8.53%	4.83	7.35%	6.92	6.54%	7.94	5.43%	8.34
C-B-1CSM	10.12%	6.52	9.05%	9.34	7.95%	11.62	5.86%	12.13
TGBSM	12.14%	8.96	10.21%	16.86	8.07%	18.84	6.6%5	19.86

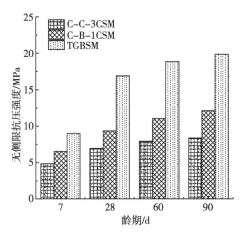

图 8.14 不同龄期混合料无侧限抗压强度

由表 8.12、图 8.14 可知：

①C-C-3CSM、C-B-1CSM、TGBSM 的无侧限抗压强度随着养护龄期的增长而增大，三者的强度增长规律基本一致。7 d 养护龄期内，强度增长趋势最大，从养护龄期 7~28 d，整体强度增长趋势明显；从养护龄期 28~60 d，三者强度增长趋势明显减弱；从养护龄期 60~90 d，三者强度增长趋势趋于平缓，90 d 后强度增长非常缓慢，基本达到最大值。

②C-C-3CSM 和 C-B-1CSM 养护 60 d 的强度基本达到了最终强度的 95% 以上，强度的增长规律符合半刚性基层强度增长规律。按照 TGBSM 的强度与龄期的发展规律，TGBSM 在养护至 60 d 时，基本达到最终强度的 90% 以上，后期强度的增长趋势与 C-C-3CSM、C-B-1CSM 的趋势基本一致。这种增长趋势的强度发展机制可以做如下解释：在试块养护初期，胶凝材料与水分充分接触，进行水化反应，早期生成大量的水化产物，如 AFt 晶体及水化硅酸钙等凝胶类，为体系提供了强度保障，随着水化进程的加快，胶凝材料在不断消耗，基本在 28 d 后水化作用的程度明显变缓，到了 90 d 以后胶凝材料的水化反应基本结束，水化产物的生成基本停止，所以强度增长的趋势基本处于平缓。

③随着龄期的增长，C-C-3CSM、C-B-1CSM、TGBSM 的变异系数变化趋势一致，与龄期的增长呈负相关，并且在同一养护龄期下，TGBSM 的变异系数明显比 C-C-3CSM、C-B-1CSM 的高。可能是由于 TGBSM 的胶凝材料自制，生产工艺均没有水泥生产工艺成熟，相对来说，新制备的胶凝材料均匀性引起的变异系数较大，但随着龄期增长，各组分充分发生反应，变异系数降低。

④由图 8.14 可知，TGBSM 的各龄期强度超过 C-C-3CSM、C-B-1CSM 的，对比表 8.12 数据，TGBSM 的强度达到了水泥稳定碎石路面基层 7 d 强度的规范要求。

（3）劈裂强度

间接抗压强度试验方法（也称劈裂试验），其原理是在圆柱的侧面相对方向放入两个条形垫条，从而可以施加条形荷载，以便在圆柱直径的竖直面产生相对均匀的拉应力，最终试块会在直径方向发生破坏，这也是作为层底拉应力的关键技术指标，与无侧限抗压反映的不同，其主要表征基层材料的抗弯拉性能[156]。

劈裂强度试验如图 8.15 所示。

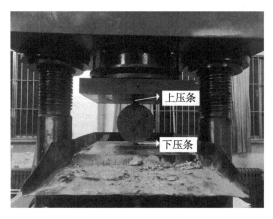

图 8.15　劈裂强度试验

不同龄期混合料的劈裂强度试验结果如表 8.13、图 8.16 所示。

表 8.13　不同龄期混合料的劈裂强度试验结果

混合料类型	7 d		28 d		90 d	
	变异系数 C_V	$R_{C0.95}$/ MPa	变异系数 C_V	$R_{C0.95}$/ MPa	变异系数 C_V	$R_{C0.95}$/ MPa
C-C-3CSM	9.23%	0.30	8.54%	0.39	7.12%	0.46
C-B-1CSM	10.90%	0.62	9.64%	0.83	8.24%	0.98
TGBSM	13.14%	1.01	11.15%	1.47	9.45%	1.98

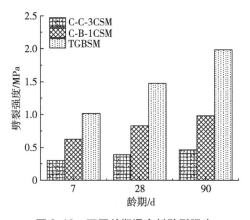

图 8.16　不同龄期混合料劈裂强度

由图 8.16 不同龄期混合料的劈裂强度可知：

①C-C-3CSM、C-B-1CSM、TGBSM 的劈裂强度均与龄期成正相关，随着龄期增长，劈裂强度增强，趋势大致相同；三组混合料 7 d 龄期内劈裂强度增长趋势最快，7 d 之后趋势较之前减弱；TGBSM 的 7 d、28 d、90 d 的劈裂强度最大，C-C-3CSM 的 7 d、28 d、90 d 的劈裂强度最小；TGBSM 的 7 d 劈裂强度达到 1.01 MPa，相比 C-C-3CSM、C-B-1CSM 分别高出 236.6%，62.9%，28 d 劈裂强度为 1.47 MPa，90 d 劈裂强度为 1.98 MPa。

②分析 TGBSM 能达到上述强度原因：一是粗骨料相互嵌挤形成骨架，为混合料提供一定强度；二是胶凝材料不断发生水化作用，生成大量水化产物，使混合料内部结构更紧密。

（4）抗冻性能

无论是哪种基层材料，都会存在空隙。空隙的存在，实际应用过程中就会道路浸入水分的可能。伴随着温度的降低，这些空隙中水的状态就会同步变化，空隙产生压力，温度越低，水变成冰，导致体积增大，材料表面就会出现裂缝，影响材料的正常使用，因此很有必要通过冻融循环试验，探究 TGBSM、C-B-1CSM、C-C-3CSM 的抗冻性。

冻融循环试验如图 8.17 所示。不同混合料冻融试验结果如表 8.14、图 8.18、图 8.19 所示。

（a）冷冻　　　　　　　　　　　　　　　（b）融化

图 8.17　冻融循环试验

表 8.14 冻融试验结果

混合料类型	C-C-3CSM	C-B-1CSM	TGBSM
养护龄期/d	28	28	28
循环次数/次	5	5	5
标准对比试块的无侧限抗压强度 R_C/MPa	6.92	9.34	16.86
冻融后试件的无侧限抗压强度 R_{DC}/MPa	5.94	8.56	15.65
试块残余强度之比	85.83%	91.64%	92.82%

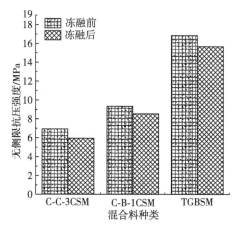

图 8.18 3 种混合料的冻融试验无侧限抗压强度对比

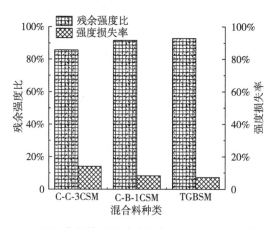

图 8.19 3 种混合料的冻融试验残余强度比及强度损失率对比

由表 8.14、图 8.18、图 8.19 可知：

①C-C-3CSM、C-B-1CSM、TGBSM 3 种混合料经过 5 次冻融循环之后的抗压强度均有所下降，TGBSM 混合料的抗冻性能较 C-C-3CSM、C-B-1CSM 更优。下降的原因主要有两个：一个是在高低温交变箱中，由于-18 ℃的低温环境，导致试块体系中的水分在空隙中结冰体积膨胀，形成挤压作用，冲击混合料试块结构的完整性和内部骨架之间的黏结；另一个是经过 16 h 的冷冻状态直接放入低于 20 ℃的水中浸泡，待结冰的水融化后，又会重新灌入自由水，如此往复，导致空隙体积愈来愈大，对试件的影响愈发严重，因此冻融循环试验后强度下降。

②C-C-3CSM 混合料冻融后试块残余强度 85.83%，强度损失 14.17%；C-B-1CSM 混合料冻融后试块残余强度 91.64%，强度损失 8.36%；TGBSM 混合料冻融后试块残余强度 92.82%，强度损失 7.18%。因此，TGBSM 混合料的冻融后残余强度最高，损失率最低，分析原因：一是在冻融过程中，TGBSM 混合料生成的水化硅酸钙凝胶等物质相对 C-C-3CSM、C-B-1CSM 来说较多，这些物质对试块外部水的浸入起到了抵抗作用，与胶凝材料水稳定性优良的原因一致；二是 TGBSM 混合料胶凝材料占比高达 15%，空隙率较 C-C-3CSM、C-B-1CSM 混合料小，可容纳侵入的自由水相比较少，因此冻融后的残余强度较 C-C-3CSM、C-B-1CSM 高。

8.4 本章小结

首先，参照第三章确定的胶凝材料适宜配比范围，确定了膏渣比 4∶6、赤渣比 1∶4、硅酸钠 6%作为后续试验的胶凝材料配比；确定了不同胶石比下碱激发钛石膏矿渣赤泥胶凝材料稳定碎石混合料的最大干密度和最佳含水率；研究了以 7 d 和 28 d 抗压强度和水稳定性为指标碱激发钛石膏矿渣赤泥胶凝材料稳定碎石的胶石比，主要结论如下：

①随着胶石比的增大，7 d 和 28 d 龄期的碱激发钛石膏矿渣赤泥胶凝材料稳定碎石的无侧限抗压强度增强；随着养护龄期的增长，碱激发钛石膏矿渣赤泥胶凝材料稳定碎石混合料 28 d 龄期试件的强度较 7 d 龄期的增幅大，表明随龄期增长，胶凝材料内部水化进程不断进行，生成了更多的 C-S-H 凝胶和 AFt 晶体等水化产物，胶凝材料与碎石能够很好地黏结使强度增强。在胶石比为 10∶90 时，碱激发钛石膏矿渣赤泥胶凝材料稳定碎石 7 d 强度为 5.8 MPa，不满足二级及以下公路路面基层规范 7 d 强度的标准要求；胶石比为 15∶85 时，碱激发钛石膏矿渣赤泥胶凝材料稳定碎石混合料能够达

到 8.3 MPa，达到规范对水泥稳定材料道路基层 7 d 强度的要求；随着胶石比的增大，碱激发钛石膏矿渣赤泥胶凝材料稳定碎石 7 d 强度均大于 8.3 MPa。

②随着胶石比的增大，7 d 和 28 d 龄期的碱激发钛石膏矿渣赤泥胶凝材料稳定碎石软化系数均呈现先增加后降低的趋势，均在胶石比为 15∶85 达到了顶峰；胶石比在 15∶85~20∶80 混合料软化系数达到 0.89，水稳定性优良，胶石比 10∶90~20∶80 混合料软化系数可达到 0.87，水稳定性亦优良。

③随着胶石比的增加，碱激发钛石膏矿渣赤泥胶凝材料稳定碎石的失水率也随之下降，干缩系数随之增大，胶石比为 5∶95 时干缩系数最小，胶石比为 25∶75 时干缩系数最大。

④考虑强度因素，碱激发钛石膏矿渣赤泥胶凝材料稳定碎石混合胶石比范围宜为不小于 15∶85；考虑水稳定性因素，其胶石比范围宜为 15∶85~20∶80；考虑干缩性能因素，胶石比越小越好。

其次，按照 8.1 确定的胶石比选定碱激发钛石膏矿渣赤泥胶凝材料稳定碎石的胶石比为 15∶85，并以此配合比进行了碱激发钛石膏矿渣赤泥胶凝材料稳定碎石制备工艺的对比，主要结论如下：

湿法掺拌条件下，7 d、28 d 龄期混合料的抗压强度低于干法掺拌；混合料 7 d 强度达到 3.25 MPa，比干法搅拌下降 63.7%，28 d 强度可达 9.42 MPa，比干法搅拌下降 44.1%；湿法掺拌下，其胶凝材料成分不能够有效分散，导致强度下降。湿养条件下，7 d、28 d 龄期混合料的抗压强度高于干养；干养条件下，混合料 7 d 强度达到 8.45 MPa，较湿养强度降低 5.6%，混合料 28 d 强度可达 14.56 MPa，较湿养强度降低 13.86%，表明水分的加入，维持了混合料中胶凝材料的水化反应；混合料应采用湿养，有利于强度的增强。

最后，主要对碱激发钛石膏矿渣赤泥胶凝材料稳定碎石（TGBSM）、1#水泥稳定碎石（C-C-3CSM）、2#水泥稳定碎石（C-B-1CSM）展开了路用性能试验研究，主要结论如下：

①根据无侧限强度试验结果，TGBSM 在各个龄期的强度均强于 C-C-3CSM、C-B-1CSM，并且在 7 d 龄期就已经达到了高速公路和一级公路规范的 7d 强度要求。随着养护时间的增长，TGBSM 的 7~28 d 强度增长率高达 88.17%，比 C-C-3CSM、C-B-1CSM 的 7~28 d 强度增长率高出 1 倍；其 28~60 d 的强度增长率降至 11.74%，比 C-B-1CSM 低出 13%，比 C-C-3CSM 低出 3%；其 60~90 d 的强度增长率仅为 5.41%，仅分别高出 C-C-3CSM 和 C-B-1CSM 0.4 个和 1.1 个百分点，随着龄期的发展，90 d

3 种混合料的强度基本趋于稳定。综合来看，TGBSM 的整体强度增长趋势与传统水泥稳定碎石的增长趋势一致，且强度更高，能够有效抵抗轴向变形，能够达到高等级道路和低等级道路的基层施工强度要求。

②根据劈裂试验结果，TGBSM 在各个龄期的强度都高于 C-C-3CSM、C-B-1CSM，这是因为 TGBSM 结构内部较大的内摩阻力和粘聚力，TGBSM 的 7d 劈裂强度 1.01MPa，比 C-B-1CSM 增长 62%，比 C-C-3CSM 同比增长 236%，综合来看，TGBSM 劈裂强度达到高等级道路和低等级道路的劈裂强度，能够有效抵抗各等级道路基层的抗弯拉变形。

③根据冻融试验结果，C-C-3CSM、C-B-1CSM、TGBSM 与标准试件相比强度全部降低；TGBSM 混合料的冻融后残余强度比最高、损失率最低，抗冻性能优于 C-C-3CSM、C-B-1CSM 的。分析原因，一是 TGBSM 胶凝材料水化生成的 C-S-H 凝胶等物质相对 C-C-3CSM、C-B-1CSM 来说较多，这些物质对试块外部水的浸入起到了抵抗作用，能有效地抵抗内部水分的结冰膨胀，减少对结构的挤压作用；二是 TGBSM 胶凝材料占比高达 15%，空隙率较 C-C-3CSM、C-B-1CSM 混合料小，可容纳侵入的自由水相比较少，因此冻融表现出良好的性能。

④对比 1#水泥稳定碎石（C-C-3CSM）和 2#水泥稳定碎石（C-B-1CSM），碱激发钛石膏矿渣赤泥胶凝材料稳定碎石在抗压强度、劈裂强度及抗冻性能展现了较优的性能。

第九章 碱激发钛石膏基胶凝材料的水化机制分析

9.1 碱激发钛石膏粉煤灰胶凝材料水化机制分析

9.1.1 试验方案与方法

（1）试验方案

本部分所用钛石膏、粉煤灰、水泥同 2.1。选择膏灰比为 5∶5 的胶凝材料试件为样品，对碱激发钛石膏粉煤灰胶凝体系进行机制分析。本部分通过 X 射线衍射（XRD）、扫描电子显微镜（SEM）对 7 d、14 d、28 d 碱激发钛石膏粉煤灰胶凝材料试样进行检测，阐述其强度发展机制。

（2）试验方法

1）XRD 分析

不同的物质经过 X 射线照射后，其内部的分子或原子就会发生衍射现象，为了确定试件钛石膏复合胶凝材料水化后内部的晶体结构，进一步推断其水化产物，利用德国布鲁克公司所产的型号 D8 ADVANCE X 射线衍射仪，对胶凝材料试样进行试验。步长取 0.02，角度 5°~65°，使用 Cu-Kα 射线。X 射线衍射仪器如图 9.1 所示。

图 9.1 X 射线衍射仪器

2）SEM 分析

当发射具有能量的电子束照射到试样表面时，会产生多种物理信号，再将物理信号转变为电信号，最终呈现在电脑屏幕上，可以观测到试样表面的外貌，分析试样的微观结构。为了研究本书胶凝材料的微观结构形貌，将破碎后的胶凝材料片状喷金制样，再利用美国 FEI 公司 QUANTAFEG 250 进行测试，扫描电子显微镜仪器如图 9.2 所示。

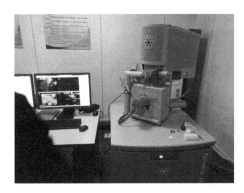

图9.2 扫描电子显微镜仪器

9.1.2 试验结果与分析

碱激发钛石膏粉煤灰胶凝材料水化机制分析如下。

1）XRD 分析

由图9.3可知，胶凝材料 7 d、14 d、28 d 的 XRD 图中可看到 $CaSO_4 \cdot 2H_2O$、Mullite、$CaCO_3$ 等特征峰，且 7 d 时已有钙矾石（AFt）衍射峰。这是因为胶凝体系中水泥掺量仅为 10%，水化产物有限，而粉煤灰活性低[157]，但钛石膏中 Fe^{3+} 能促进 SO_4^{2-} 析出[14]，加快 AFt 的生成[158]，同时部分粉煤灰进行火山灰反应[159]，在 XRD 图中表现出了明显的 AFt 特征峰，使 5 组配合比试件 7 d 抗压强度随钛含量石膏增多而增大。

由图9.3可知，随龄期增长，14~28 d 龄期钙矾石特征峰变化显著，此时抗压强度也显著增大，表明钙矾石生成对胶凝材料强度增强作用明显[158]。此阶段胶凝材料强度一部分受水泥影响，另一部分受粉煤灰影响，粉煤灰在水泥提供的碱性环境和钛石膏硫酸盐激发下，部分 Al_2O_3 中的 Al — O 断裂生成 AlO_2^-[159]，而 AlO_2^- 与 SO_4^{2-} 进一步反应，生成钙矾石，如式（9-1）和式（9-2）：

$$Al_2O_3+2OH^-\rightarrow 2AlO_2^-+H_2O, \tag{9-1}$$

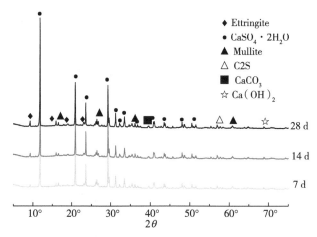

图 9.3　不同龄期碱激发钛石膏粉煤灰胶凝材料的 XRD 图

$$AlO_2^- + Ca^{2+} + OH^- + SO_4^{2-} \rightarrow AFt。 \tag{9-2}$$

使胶凝材料强度显著增加。

2）SEM 分析

图 9.4 给出了不同龄期钛石膏粉煤灰胶凝材料的 SEM 图。

（a）7 d 　　　　　　　　　（b）14 d

（c）28 d

图 9.4　不同龄期钛石膏粉煤灰胶凝材料的 SEM 图

图 9.4（a）为钛石膏粉煤灰胶凝材料 7 d 龄期的微观结构，可看到大量球状粉煤灰和块状钛石膏，有少量凝胶物质附在粉煤灰和钛石膏表面，空隙较大，结构松散。由于粉煤灰活性低，早期在 OH^- 和 SO_4^{2-} 双重激发下，逐渐被侵蚀，水化产物逐渐生成[160]；水泥中铝酸三钙（C_3A）、硅酸三钙（C_3S）等水化生成 C-S-H 和 Ca（OH）$_2$[161]，附在粉煤灰和钛石膏表面。

图 9.4（b）给出了钛石膏粉煤灰胶凝材料 14 d 龄期的微观结构，可以看出粉煤灰进一步被侵蚀，生成 C-S-H 等凝胶物，填充于钛石膏与粉煤灰之间的空隙，同时由图 9.4（b）可看到针状钙矾石生长在钛石膏与粉煤灰之间的空隙中，形成骨架结构，可使材料抗压强度提高。

图 9.4（c）给出了钛石膏粉煤灰胶凝材料 28 d 龄期的微观结构，可以看到随着龄期增长，越来越多的凝胶物质包裹在粉煤灰和钛石膏表面，填充空隙，使其内部结构密实，同时，针状钙矾石晶体显著增多。这由于随着养护龄期增长，粉煤灰在 SO_4^{2-} 及 OH^- 双重作用下，火山灰效应逐渐发挥，OH^- 使粉煤灰中部分 Al—O 与 Si—O 断裂[161]，如式（9-3）所示。石膏产生一定量 SO_4^{2-}，使 Ca^{2+} 与断裂的 Si—O 发生反应，生成 C-S-H。此外，钛石膏中 Fe^{3+} 与水泥中 C_3A、C_3S 水化生成的 Ca（OH）$_2$ 形成 Fe（OH）$_3$ 凝胶，促进 C_3S 和 C_3A 的水化，促使 C-S-H 的形成[146]。而且胶凝体系中游离 $[H_3SiO_4]^-$ 能与 AlO_2^- 进一步反应，生成水化硅铝酸钙凝胶（C-A-S-H）[146]［式（9-3）和式（9-4）］，与 C-S-H 凝胶共同填充空隙，提高强度。

$$SiO_2 + 2OH^- \rightarrow SiO_3^{2-} + H_2O, \qquad (9-3)$$

$$Ca_3SiO_5 + 4H_2O \rightarrow 3Ca^{2+} + 5OH^- + [H_3SiO_4]^-; \qquad (9-4)$$

$$[H_3SiO_4]^- + AlO_2^- + OH^- + H_2O + Ca^{2+} \rightarrow C\text{-}A\text{-}S\text{-}H。 \qquad (9-5)$$

3）水稳定性机制分析

在胶凝材料水稳定性方面，主要得益于水化产物的生成。水化产物 AFt 和凝胶 C-S-H、C-S-A-H 为耐水性水化产物[162]。在早期，钛石膏和Ⅲ级粉煤灰大量填充在试件内部，而石膏对水泥水化有延缓作用，使凝胶生成有限，不能很好地黏结钛石膏和粉煤灰，又因钛石膏微溶，因此在富水环境中出现开裂现象。在经过 6 d 的薄膜养护，水汽与试件隔绝，使钛石膏不能吸水膨胀溶解，为水泥水化和粉煤灰火山灰反应提供了条件，其中水泥产生的 Ca^{2+}、OH^- 与石膏中的 SO_4^{2-} 扩散至粉煤灰表面，侵蚀粉煤灰，破坏粉煤灰结构，使活性 SiO_2 和 Al_2O_3 溶出，促进 C-S-H、C-S-A-H 和 AFt 的生成，这些产物比石膏具有更低的溶解度[162]，能包裹部分石膏，削弱水对石膏的侵蚀。同时水泥的水化产物及未水化的粉煤灰填充在硬化体空隙中，使其结构更加密实，共同提高了胶凝材料的水稳定性。

9.2 碱激发钛石膏矿渣胶凝材料水化机制分析

9.2.1 试验方案与方法

（1）试验方案

本部分所用钛石膏、矿渣同 4.1。选择钛石膏掺量为 30%、Na_2O 用量为 4%的碱激发钛石膏矿渣胶凝材料试件，采用 X 射线衍射（XRD）、扫描电子显微镜（SEM）、热重分析（DSC）对碱激发钛石膏矿渣胶凝体系进行水化机制分析。

（2）试验方法

本部分所用 XRD 和 SEM 测试方法同 9.1.2。

温度的升高会导致物质发生物理化学变化，这个过程就伴随着吸热、放热的产生，利用仪器记录这种变化，可以分析出试样中的各成分。为了研究本书胶凝材料的水化产物与水化机制，利用美国 TA 公司制造的 SDT650 综合热分析仪对样品进行测试，仪器如图 9.5 所示，通过吸收峰方向和物质吸收、放出能量的关系进行分析。

图 9.5 综合热分析仪

9.2.2 试验结果与分析

（1）XRD 分析

利用 X 射线照射对碱激发钛石膏矿渣胶凝材料发生水化的产物进行分析，碱激发胶凝材料在 3 d、7 d 和 28 d 龄期下的 XRD 图如图 9.6 所示。

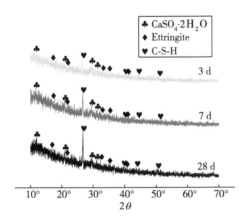

图 9.6　不同龄期碱激发钛石膏矿渣胶凝材料的 XRD 图

由图 9.6 可以看出，碱激发胶凝材料在各龄期的衍射峰图谱的整体走势基本一致，说明碱激发胶凝材料在各龄期的水化产物基本相同，且其水化产物主要是 C-S-H 凝胶和 AFt 晶体。对比不同龄期的图谱可以发现，$CaSO_4 \cdot 2H_2O$ 衍射峰的强度随养护龄期的增加逐渐下降，这是因为在较短的养护龄期时，只有部分钛石膏参与水化反应，随着养护龄期的增长，钛石膏持续进行水化反应而进式被消耗，所以养护 28 d 龄期 $CaSO_4 \cdot 2H_2O$ 衍射峰的强度相对 3 d 和 7 d 龄期的低。由图 9.6 还可以看出，龄期为 3 d 时，图谱中已经存在 AFt 和 C-S-H 的衍射峰，但峰强相对较低，这说明在早期已逐渐生成少量水化产物，且 AFt 的衍射峰相对 C-S-H 的强，说明早期主要依靠 AFt 提供强度；7 d 和 28 d 图谱中的 C-S-H 和 AFt 衍射峰的强度明显提高，说明随着养护龄期的增长，C-S-H 和 AFt 大量生成，为试件提供强度保障。

（2）SEM 分析

图 9.7 为不同龄期碱激发钛石膏矿渣胶凝材料的 SEM 图。图 9.8 为 3 d 龄期碱激发钛石膏矿渣胶凝材料的 EDS 图。

3 d   7 d

28 d

图 9.7 不同龄期碱激发钛石膏矿渣胶凝材料的 SEM 图

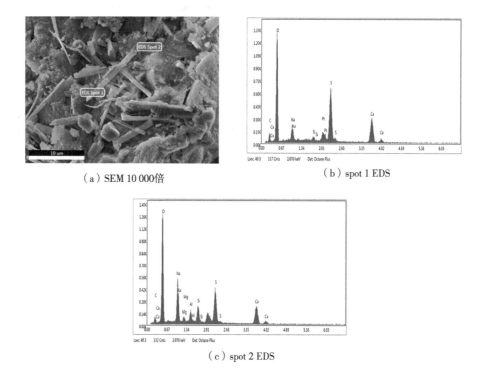

（a）SEM 10 000倍   （b）spot 1 EDS

（c）spot 2 EDS

图 9.8 碱激发钛石膏矿渣胶凝材料 3 d 龄期的 SEM 及 EDS 图

由图 9.7 碱激发钛石膏矿渣胶凝材料不同龄期的 SEM 图可以看出，3 d 龄期时存在大量的板状物质和少量的针状物质，据图 9.8 显示，针状物质为 AFt，板状物质为钛石膏，这说明在早期碱激发胶凝材料已开始发生水化反应，钛石膏粉和矿渣粉在水和碱激发剂的帮助下，溶解出大量 Ca^{2+}，同时硅氧四面体和铝氧四面体迅速解体，按式（9-6）至式（9-9）的反应重新组合凝聚形成大量 AFt 晶体等产物，AFt 相互穿插形成骨架结构使碱激发胶凝材料体系早期有一定的强度，但结构内部空隙仍较多，且有较多未进行水化反应的胶凝材料颗粒存在，结构整体较松散[149,163-164]。7 d 龄期时结构内部空隙减少，AFt 晶体生成量进一步增多并有 C-S-H 凝胶产生，结构致密程度增加，提高了试件的强度。28 d 龄期时已基本见不到未进行水化反应的胶凝材料颗粒，且水化产物大量生成，使得 28 d 试样的内部结构相较 3 d 和 7 d 更加紧密，这表明随着试件养护龄期的进一步增长，试件内部水化反应持续进行，C-S-H 凝胶大量生成并逐渐将 AFt 晶体与钛石膏包裹，并相互连接形成了稳固的结构，使试件内部更加紧密而均匀，为胶凝材料强度提升提供了有力的保证，这与 XRD 分析结果相似。

$$Al_2O_3 + 3H_2O \rightarrow 2Al(OH)_3, \tag{9-6}$$

$$Ca^{2+} + Al(OH)_3 + CaSO_4 \cdot 2H_2O \rightarrow AFt, \tag{9-7}$$

$$SiO_2 + 2H_2O \rightarrow Si(OH)_4, \tag{9-8}$$

$$Ca^{2+} + Si(OH)_4 \rightarrow C\text{-}S\text{-}H。 \tag{9-9}$$

（3）热重分析

图 9.9 为 3 d、7 d 和 28 d 龄期碱激发钛石膏矿渣胶凝材料的热重曲线。

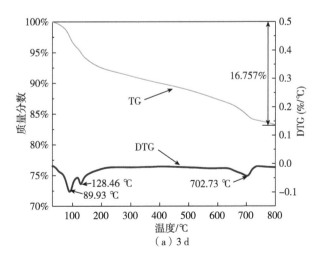

（a）3 d

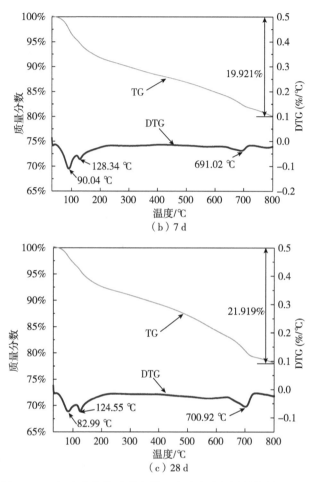

（b）7 d

（c）28 d

图9.9　不同水化龄期碱激发钛石膏矿渣胶凝材料的热重曲线

由图9.9可以看出，不同龄期碱激发钛石膏矿渣胶凝材料从30 ℃升至800 ℃的过程中TG和DTG曲线趋势基本一致，且各龄期的DTG曲线中主要有3个失重峰，失重峰均出现在0~100 ℃、100~200 ℃和700 ℃左右，说明碱激发胶凝材料在各龄期的水化产物基本一致，并无其他变异性，其中0~100 ℃为失重峰为碱激发胶凝材料水化生成C-S-H凝胶和AFt晶体的失重峰，100~200 ℃为钛石膏失水的失重峰，700 ℃左右为样品在制备、储存等过程中碳化生成$CaCO_3$的失重峰[164-165]。

从图9.9还可以看出，随着养护龄期的增加，试件的失重率也随之增大。3 d试件质量损失16.757%，7 d试件质量损失19.921%，28 d试件质量损失21.919%，说明随着养护龄期的增长，胶凝材料体系中水化产物的生成量逐渐增多[164-165]；3 d龄期试件的失重率已达到 28 d 龄期的 76.4%，7 d 龄期为 28 d 龄期的 90.9%，说明碱激发胶凝材料在早期水化反应较快，随着养护龄期的增长，水化反应速度减慢，这也证明了碱激发胶凝材料的早期强度较高。

9.3 碱激发钛石膏矿渣赤泥胶凝材料水化机制分析

9.3.1 试验方案与方法

（1）试验方案

本部分所用钛石膏、矿渣、赤泥同 3.1。选择配合比为膏渣比 4∶6、赤渣比 1∶4、硅酸钠 6%的碱激发钛石膏矿渣赤泥胶凝材料试件，采用 X 射线衍射（XRD）、扫描电子显微镜（SEM）、热重分析（DSC）、红外光谱（FTIR）对碱激发钛石膏矿渣赤泥胶凝体系进行水化机制分析。

（2）试验方法

本部分所用 SEM、XRD、DSC 试验方法同 9.2.1。

不同分子的组成和结构各不相同，导致了特有的红外吸收光谱，进而可分析物质的结构和化学键。为了研究本书胶凝材料的微观结构变化，利用美国热电尼高力仪器公司制造的 Antaris FT NIR 红外光谱仪进行胶凝材料样品测试，通过分析吸收峰的变化来研究其微观结构成分变化。红外光谱仪如图 9.10 所示。

图 9.10　红外光谱仪

9.3.2 试验结果与分析

（1）X 射线衍射分析（XRD）

图 9.11 中，（a）为试件 3 d、7 d、14 d、28 d 的 XRD 图，（b）、（c）是（a）的放大图；从图 9.11（a）可以看到，衍射图谱的整体走向趋势基本一致，说明试件在养护期间的反应产物基本一致，主要成分为 $CaSO_4 \cdot 2H_2O$、Ettringite 和 C-S-H。可以看到 3 d 试件中 $CaSO_4 \cdot 2H_2O$ 的衍射峰强度很高，说明大量 $CaSO_4 \cdot 2H_2O$ 未参与反应，伴随着养护龄期的增长，其衍射峰强度明显降低，说明 $CaSO_4 \cdot 2H_2O$ 含量减少，其开始参与反应，并且在反应初期 3 d，就已经有 Ettringite 和 C-S-H 的衍射峰出现，衍射峰强度都很弱，但 C-S-H 的峰强度几乎非常少，说明前期主要靠 Ettringite 的产生提供早期强度。在图 9.11（c）中，14 d 和 28 d 试件显示，Ettringite 和 C-S-H 的衍射峰已经非常明显，说明反应过程有大量的产物生成。

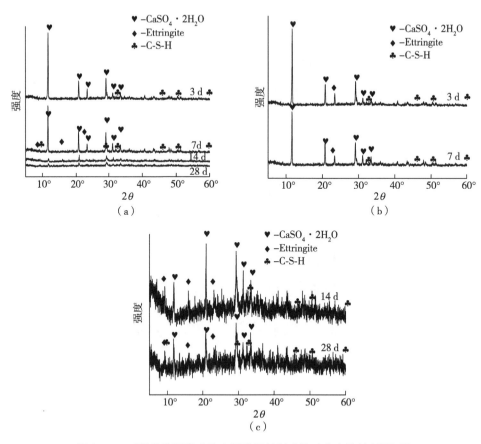

图 9.11 碱激发钛石膏矿渣赤泥胶凝材料试件反应产物的 XRD 图

（2）扫描电镜与能谱分析（SEM-EDS）

SEM 用于观察试件表面的微观形貌，同时结合能谱分析（EDS）能大致分析反应产物范围，图 9.12 为 28 d 龄期试件在 2000 倍、5000 倍、10 000 倍及 20 000 倍下的 SEM 图。

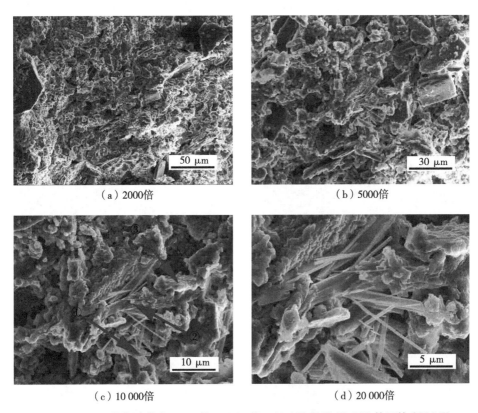

（a）2000倍　　　　　　　　　（b）5000倍

（c）10 000倍　　　　　　　　（d）20 000倍

图 9.12　28 d 龄期试件在 2000 倍、5000 倍、10 000 倍及 20 000 倍下的 SEM 图

图 9.12（a）可以看到，2000 倍时，28 d 钛石膏基体的表面覆盖着大量的反应产物，已经很难看到完整的板块状钛石膏；结合 28 d 试件的 XRD 图谱可知，此物质是水化硅酸钙凝胶，同时还可以看到表面有部分微裂缝和微空隙；继续放大到 5000 倍，可看到细长的针棒状的钙矾石、部分外露的板状钛石膏及覆盖在石膏上的絮状硅酸钙凝胶，其中微裂缝、微空隙及石膏应该是材料吸水高的主要原因；继续放大至 10 000 倍，可以看到板块石膏缝隙中存在钙矾石，同时覆盖着大量的硅酸钙凝胶；进一步放大到 20 000 倍，可以清晰地看到针棒状的钙矾石存在于石膏缝隙间，在 AFt 晶体与石膏间又附上一层絮状的 C-S-H 凝胶，相互固结。

图9.13为不同龄期试件5000倍SEM图。由图9.13（a）可以看到大量的AFt晶体穿插在板状钛石膏之间，形成骨架，骨架周围还存在微量的C-S-H凝胶；至7 d龄期可以明显看到AFt晶体减少，这是由于C-S-H凝胶的增多覆盖了AFt晶体和板状钛石膏；进一步养护至14 d，可以看到的AFt晶体极少，仅有絮状物质覆盖于基体的表面；28 d的试件上面几乎看不到AFt晶体和板状、长条状钛石膏。分析其原因，可能是随着反应的进行早期石膏迅速溶解出SO_4^{2-}、Ca^{2+}，同时在赤泥及硅酸钠提供的碱性环境下，OH^-使得矿渣中的硅氧四面体和铝氧四面体开始解体，相互结合形成AFt晶体和C-S-H凝胶，AFt晶体与钛石膏相互交叉成为一个整体；C-S-H凝胶吸附在石膏表面，随着龄期的增长，C-S-H凝胶逐渐将AFt晶体与钛石膏形成的整体包裹住，形成了稳固的结构，这也进一步验证了XRD的分析结果。

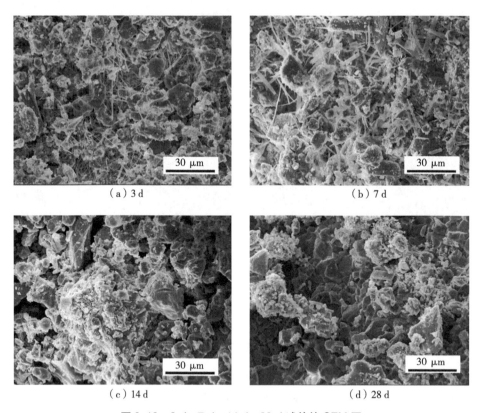

（a）3 d　　　　　　　　　　　　（b）7 d

（c）14 d　　　　　　　　　　　　（d）28 d

图9.13　3 d、7 d、14 d、28 d试件的SEM图

图9.14是图9.12（c）的3处EDS检测结果，可以看出，①为针棒状物质钙矾石晶体，②为在针棒状钙矾石晶体上覆盖的C-S-H凝胶，③为板状钛石膏，并且还有Si

等元素，也说明上面覆盖了 C-S-H 凝胶，这都与之前的结论相吻合。

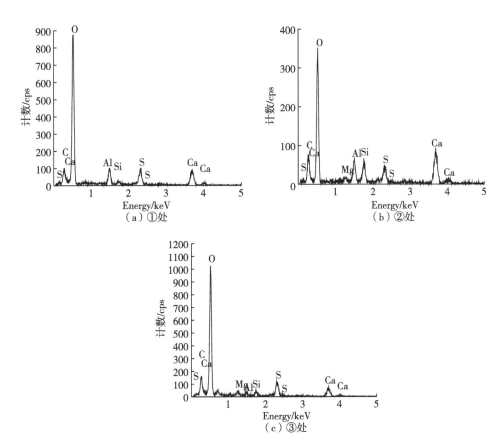

图 9.14　图 9.11（c）①②③处 EDS 结果

（3）红外光谱分析（FTIR）

图 9.15 为不同水化龄期碱激发钛石膏矿渣赤泥胶凝材料的红外光谱，在原料图谱中，存在着两处明显的吸收峰 3546.89 cm^{-1} 和 3404.87 cm^{-1}，表示钛石膏中—OH 的伸缩振动及水中—OH 的不对称伸缩振动。从试件 3 d 水化龄期的图谱来看，石膏在 3546.89 cm^{-1} 和 3404.87 cm^{-1} 的两个明显吸收峰转变为靠近 3409 cm^{-1} 周围的吸收峰，这种现象说明石膏参与了水化反应，生成了钙矾石晶体，钛石膏中的羟基水转变为 AFt 晶体的结合水；从试件 28 d 水化龄期的图谱来看，3408.31 cm^{-1} 和 1622.07 cm^{-1} 这两处的吸收峰是水化反应产物结晶水中的不对称伸缩振动和弯曲振动，相比较试件 3 d 水化龄期谱图，这两个吸收峰随着龄期的增长，透过率明显下降，这说明水化产物中伴随着大量带有结晶水的物质产生。

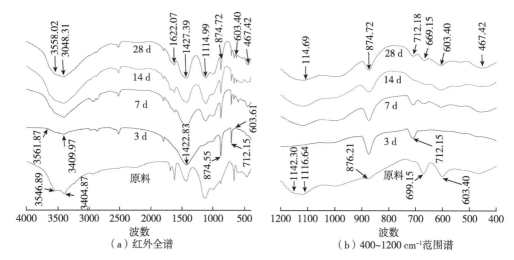

图9.15　不同水化龄期碱激发钛石膏矿渣赤泥胶凝材料的红外光谱

从试件 3 d 水化龄期谱图看到，位于 3561.87 cm^{-1} 周围的弱吸收峰代表了八面体结构表面—OH 的伸缩振动，位于 1122.36 cm^{-1} 周围的弱吸收峰代表着—SO$_4^{2-}$ 的不对称伸缩振动，位于 603.61 cm^{-1} 周围的弱吸收峰代表了—SO$_4^{2-}$ 的弯曲振动，八面体结构表面的—OH 和—SO$_4^{2-}$ 的特征峰表明了早期钙矾石晶体已经形成，符合 SEM-EDS 和 XRD 的分析结果。

850~1000 cm^{-1} 和 467.42 cm^{-1} 两处吸收峰分别对应水化硅酸钙或铝酸钙凝胶中 Si—O(Al) 的不对称伸缩振动和 Si—O 的弯曲振动，可以看到随着龄期的增长，硅氧四面体 Si—O 吸收峰的波长范围逐渐变窄，可以推测，在水化过程中，硅酸盐类物质由聚合度低的硅酸盐转化为聚合度高的硅酸盐。1422.83 cm^{-1} 的吸收峰宽度和位置未明显移动，表明此处是—CO$_3^{2-}$ 的非对称振动，产生这种现象的原因是试件发生了碳化反应。

（4）热重分析（DSC）

图9.16 为不同水化龄期碱激发钛石膏矿渣赤泥胶凝材料的热重曲线，由图 9.16（d）可以看出，不同龄期的试件从 0 ℃ 升至 800 ℃ 的过程主要有 3 个失重峰，分别是 105.19 ℃、138.27 ℃、704.8 ℃，其中 105.19 ℃ 为 C-S-H 凝胶和 AFt 晶体的失重峰，138.27 ℃ 为钛石膏的失重峰，704.8 ℃ 为矿渣水化生成少量 C-S-H 凝胶和 CaCO$_3$ 的失重峰；与图 9.16（a）、（b）、（c）相比，TG 和 DTG 曲线趋势保持一致，进一步推出胶凝材料在水化过程中的水化产物相同，无其他变异性；与 105.19 ℃、138.27 ℃ 的两

个失重峰相比，704.8 ℃的失重峰并没有特别突出，并且 4 个龄期试件在 704.8 ℃的失重量基本保持一致，表明体系中并没有明显的 Ca(OH)₂ 或 CaCO₃ 失重，说明试件在含有钛石膏时，能够迅速消耗 Ca^{2+} 形成 AFt 晶体，使体系能够及时吸收 CO_2，导致 $CaCO_3$ 的生成速率降低，如图 9.16（a）至图 9.16（d）所示，135 ℃附近的钛石膏失重峰随着龄期的增长逐渐降低，钛石膏被消耗，100 ℃左右的 C-S-H 凝胶和 AFt 晶体的失重峰随着龄期的不断增长而增多，进一步证明了上述结论。

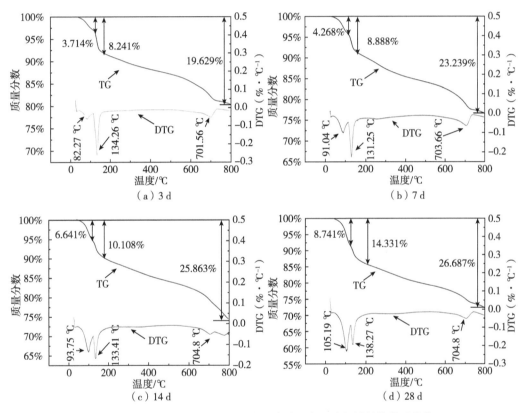

图 9.16　不同水化龄期碱激发钛石膏矿渣赤泥胶凝材料的热重曲线

如图 9.16 所示，试件从 0 ℃升温至 800 ℃，3 d 试件质量损失达到 19.629%，7 d 试件质量损失达到 23.239%，14 d 试件质量损失达到 25.963%，28 d 试件质量损失达到 26.587%，表明随着龄期的增长体系中胶凝材料的生成量增大；在相同温度范围内，3 d、7 d、14 d、28 d 相邻的质量总损失差值分别是 3.61%、2.724%、0.624%，说明随着龄期的增长其质量损失差值越来越小，到 28 d 已降至 0.624%，可推测随着龄期继续增长，差值会更接近于零，表明了试件早期水化反应较快，后期随着时间的增长，水化反应速度减慢。

9.4 碱激发钛石膏粉煤灰胶凝材料稳定土水化机制分析

9.4.1 试验方案与方法

（1）试验方案

本部分所用钛石膏、粉煤灰、水泥同 2.1，所用稳定土同 4.2.1。选择膏灰比为
5∶5、掺量 25%的胶凝材料用于稳定土试件，对碱激发钛石膏粉煤灰胶凝材料稳定土
进行机制分析。对 7 d、28 d、90 d 碱激发钛石膏粉煤灰胶凝材料稳定黏质土、稳定砂
类土、稳定粉质土分别进行了 XRD 检测和孔径分析，研究三者在 7 d、28 d、90 d 龄期
内孔径变化及晶状物的生成情况。对碱激发钛石膏粉煤灰胶凝材料稳定黏质土进行
SEM 扫描，解释碱激发钛石膏粉煤灰胶凝材料用于稳定土的微观结构变化。

（2）试验方法

本部分所用 SEM、XRD 分析，方法同 9.1.1。

孔径检测试验采用美国 Micromertics 生产的 ASAP 2460 全自动快速比表面与空隙度
分析仪，采用氮气吸附法，其中被测样品的比表面积通过标准 BET 计算方法获得，孔
径和孔体积通过 BJH 计算方法获得，被测样品的所有孔径分布根据密度函数理论计算，
孔径测试范围 1.7~300 nm。

9.4.2 试验结果与分析

（1）SEM 分析

图 9.17（a）为黏质土微观结构，从图 9.17（a）可以看到一些层状、块状的黏质
土颗粒，但其结构松散。图 9.17（b）为 7 d 龄期钛石膏粉煤灰稳定黏质土的微观结
构。从图 9.17（b）可看到大量球状粉煤灰和块状钛石膏填充于黏质土颗粒间，有少量
凝胶物质附在粉煤灰和钛石膏表面，但此时结构松散，空隙较大。这是因为水泥中的
铝酸三钙（C_3A）、硅酸三钙（C_3S）等在早期虽能快速水化，能与黏质土矿物反应生
成水化硅酸钙等凝胶物质，具有一定的稳定辅助作用，但水泥掺量仅有 2.5%，使得水
化产物有限；再者粉煤灰活性低，此时未得到碱性激发，火山灰效应尚未发挥作用，
只起到微集料作用，而且钛石膏与黏质土的离子交换作用不明显，只有填充作用，使
早期强度发展缓慢。

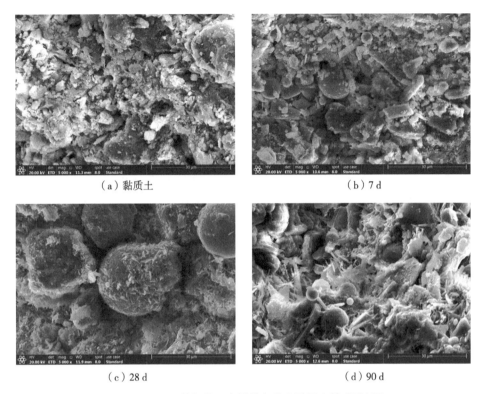

（a）黏质土

（b）7 d

（c）28 d

（d）90 d

图 9.17　不同龄期钛石膏粉煤灰稳定黏质土的 SEM 图

图 9.17（c）为 28 d 龄期时稳定黏质土的微观结构，从图 9.17（c）可看到大量细小的针状钙矾石覆盖在粉煤灰、钛石膏、土粒表面，形成骨架结构，而且胶凝物质开始初步形成，填充在混合料的空隙中，与图 9.17（b）相比，内部结构更加密实。这是因为随着养护龄期增长，粉煤灰在 SO_4^{2-} 及 OH^- 双重作用下，火山灰效应逐渐发挥，而且黏质土中矿物颗粒在碱性环境下释放 Al^{3+} 或 Si^{4+} 能够与粉煤灰溶解的铝硅酸根（AlO_2^-）进行缩聚反应，使得矿物颗粒黏结在凝胶基质上。同时钛石膏能在黏质土中发生离子交换作用，主要是因为黏质土中矿物颗粒表面带有定量电荷，胶凝材料中正负离子会与黏质土中的电荷进行吸附中和，缠绕颗粒，形成土团，进一步提高试件强度[166-167]。

图 9.17（d）为稳定黏质土 90 d 龄期时微观结构，从图 9.17（d）可明显地看到纤维状和网络状水化硅酸钙凝胶和六方棱柱状钙矾石晶体，C-S-H、C-S-A-H 等胶凝物与 AFt 穿插于混合料空隙间，而且大部分土壤颗粒已经被水化产物包裹，而且图 9.17（d）中钙矾石的体积变大，从细小的针状转为棒状，使土壤颗粒间空隙进一步被填充，强度进一步提高。

（2）XRD 分析

图 9.18 给出了 7 d、28 d、90 d 龄期钛石膏粉煤灰稳定粉质土、稳定砂类土、稳定黏质土的 XRD 图。

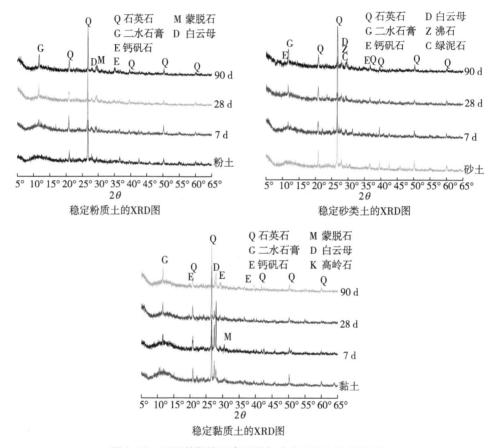

图 9.18　不同龄期钛石膏粉煤灰稳定不同土的 XRD 图

由图 9.18 可以看到黏质土、砂类土、粉质土的主要物相为石英石，存在少量白云母、高岭石、蒙脱石、沸石、绿泥石等矿物。将胶凝材料加入这 3 类土后，可在 7 d、28 d、90 d 的 XRD 图中看到二水石膏、钙矾石等特征峰。7 d 龄期时，从稳定砂类土、稳定黏质土的 XRD 图可观察到尚不明显的钙矾石（AFt）衍射峰，但 AFt 生成量较小，这同样是由于受胶凝材料中水泥量低且粉煤灰活性低的影响。通过图 9.18 可知，28~90 d 时，稳定砂类土、稳定黏质土的 AFt 衍射峰加强，但此时稳定粉质土的 AFt 特征峰依旧不明显，这由于粉质土中黏粒含量少，胶体活性差，使得钛石膏、粉煤灰与粉质土混合物之间的化合反应产生的物质少，而钛石膏粉煤灰稳定土主要依赖粉煤灰或土之间的火山灰反应，但Ⅲ级粉煤灰活性低，使火山灰反应进行缓慢，这便减弱了 Ca^{2+} 等离子交换反应的量和反应速度，使 AFt 生成缓慢。

通过 7 d、28 d、90 d XRD 图可以发现钛石膏粉煤灰稳定粉质土的主要产物相为钙矾石。在钛石膏粉煤灰稳定黏质土体系中，钙矾石的生成主要是由于水泥、钛石膏、粉煤灰与黏质土内活性物质发生了化学反应。首先，水泥中的 C_3A、C_3S 等能快速水化，该混合料内水泥掺量低、生成物少，但它能与黏质土共同为接下来的水化反应提供碱性环境，促进粉煤灰中 Al—O、Si—O 断裂，加快与钛石膏溶出的 Ca^{2+} 及土壤中的 $Ca(OH)_2$ 反应，生成水化铝酸钙（C-A-H）等，而 C-A-H 可与钛石膏继续发生反应生成 AFt。

（3）孔径分析

表 9.1 给出不同龄期稳定黏质土、稳定粉质土、稳定砂类土采用氮气吸附法进行孔径检测时所获得的各项物理参数。

表 9.1　氮气吸附法孔径检测所得物理参数

稳定土质	龄期/d	BET 比表面积/ (m^2/g)	BJH 脱附累积孔体积/ (m^3/g)	BJH 脱附平均孔径/ (m^3/g)
稳定黏质土	7	25.329 8	0.056 0 9	7.995 1
	28	24.811 8	0.059 0 7	8.116 8
	90	24.428 7	0.029 6 4	6.127 2
稳定粉质土	7	17.861 8	0.069 7 1	8.253 3
	28	16.606 6	0.024 5 9	8.729 3
	90	15.849 3	0.037 6 6	7.521 9
稳定砂类土	7	11.826 5	0.028 3 9	8.088 0
	28	11.016 7	0.033 0 9	8.267 6
	90	10.606 6	0.017 5 2	6.389 8

由表 9.1 可以看出，随着龄期增长，3 类稳定土的 BET 比表面积减小，而 BJH 脱附累计孔体积和 BJH 脱附平均孔径在 28 d 时略有增大，90 d 时减小。这主要由于 3 类稳定土的水化早期，活性物质多、比表面积大，而随着养护时间的增长，稳定土内部活性物质大部分参与水化反应，生成钙矾石和凝聚物质，导致 3 类稳定土出现了 BET 比表面积随养护龄期

增长而降低现象。在 28 d 时稳定土内部有大量钙矾石生成，附着在粉煤灰和钛石膏表面形成骨架结构，但钙矾石具有微膨胀特性，使得孔体积和孔径增大；90 d 稳定土内部生成大量凝胶物，填充于内部空隙，使稳定土内部大空隙减小，空隙结构得到改善。

图 9.19 为不同龄期钛石膏粉煤灰稳定黏质土、稳定粉质土、稳定砂类土的 BJH 脱附孔径分布，可以看出 7 d、28 d、90 d 时，3 类稳定土的曲线以单峰为主且集中，孔径主要分布在 2.5~10 nm，峰值出现在 5 nm 处。如图 9.19 所示，随着养护时间的增长，3 类稳定土的孔径曲线分布逐渐加宽，7 d 时单峰峰值低，且有包状驼峰的存在，而 28~90 d 时曲线分布变化明显，且峰值逐渐增大，其逐渐向小孔径方向偏移，说明稳定土内部凝胶物生成逐渐增多，内部孔径逐渐改善，密实度提高。

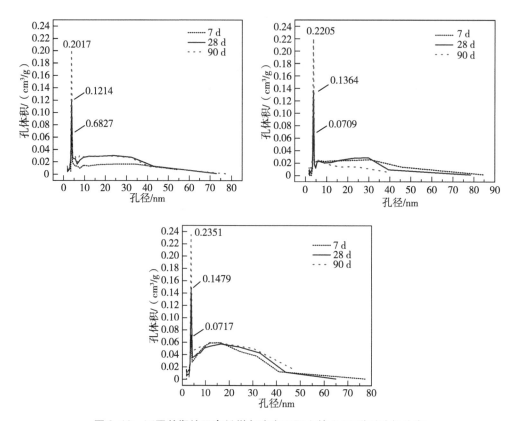

图 9.19 不同龄期钛石膏粉煤灰稳定不同土的 BJH 脱附孔径分布

根据表 9.1 和图 9.19 对 3 类稳定土进行比较发现，7 d、28 d、90 d 时，稳定黏质土的密实性最好，稳定粉质土的密实性最差。这由于 7 d、28 d 时黏质土、砂类土内含有较多的活性矿物，为早期与胶凝材料反应提供了条件，利于提高其密实性，但稳定砂类土与稳定黏质土相比，含有砂粒较多、黏粒较少，且此时水化有限，密实性较差，另外粉质土存在粉粒多、易失水、难压实的特点，且其水化产物有限，表现出密实性差；90 d 时，3 类稳定土内部凝胶物大量生产，填充于稳定土内部空隙，但稳定粉质土由于粉粒多，水化受限，其密实性比稳定砂类土、稳定黏质土差，而稳定黏质土、稳定砂类土中活性矿物与胶凝材料相互作用，改善孔结构，提高其密实性。

9.5 本章小结

首先，本章对不同龄期的碱激发钛石膏粉煤灰胶凝材料试样进行 XRD 检测和 SEM 扫描，结果如下：碱激发钛石膏粉煤灰胶凝材料的主要水化产物为钙矾石（AFt）、水化硅酸钙（C-S-H）、水化硅铝酸钙（C-S-A-H）等胶凝物质；在 7 d 时已有 AFt 生成，28 d 内 AFt 与 C-S-H 等凝胶物随龄期增长逐渐增多，二者共同填充于钛石膏与粉煤灰间的空隙，形成骨架结构，提高试样强度。

其次，本章对不同龄期碱激发钛石膏矿渣胶凝材料试样进行 XRD 分析、SEM 分析和 DSC 分析，结果如下所示。

①XRD、SEM 试验结果表明，碱激发胶凝材料在 3 d、7 d 和 28 d 龄期的水化产物主要是 C-S-H 凝胶和 AFt 晶体，并且随着水化龄期的增长，水化产物不断增多。水化反应过程如下：水化反应初期，钛石膏粉和矿渣粉在水和碱激发剂的帮助下，溶解出大量 Ca^{2+} 和 SO_4^{2-}，同时硅氧四面体和铝氧四面体迅速解体，在水化早期主要依靠解体的铝氧四面体和 Ca^{2+} 形成的 AFt 晶体为胶凝材料体系提供强度保证，随着养护龄期增加，水化反应持续进行，不断生成 C-S-H 凝胶和 AFt 晶体，充分填充结构内部空隙，并使结构内部致密程度增加，为胶凝材料强度增长提供了有力保证。

②DSC 试验结果表明，不同龄期的碱激发钛石膏矿渣胶凝材料从 30 ℃升至 800 ℃的过程中主要有 3 个失重峰，分别出现在 0~100 ℃、100~200 ℃、700 ℃左右，其中，0~100 ℃为失重峰为碱激发胶凝材料水化生成 C-S-H 凝胶和 AFt 晶体的失重峰，100~200 ℃为钛石膏失水的失重峰，700 ℃左右为样品在制备、储存等过程中碳化生成 $CaCO_3$ 的失重峰。

然后，本章对不同龄期的碱激发钛石膏矿渣赤泥胶凝材料试样进行了 XRD 分析、SEM 分析、FTIR 分析和 DSC 分析，结果如下所示。

XRD、SEM-EDS、FTIR、DSC 的试验结果表明：碱激发钛石膏矿渣赤泥胶凝材料在水化 3 d、7 d、14 d、28 d 过程中的产物类型没有发生变化，并且随着水化龄期的增长，水化产物不断增加。水化过程如下：水化初期，石膏、赤泥、硅酸钠的溶解为体系提供了自由的 SO_4^{2-} 及 OH^- 等，OH^- 为矿渣的水化提供了条件，水化生成了 $Ca(OH)_2$ 等物质，同时促使了体系中的硅氧四面体和铝氧四面体的解体，之后与体系中的 Ca^{2+} 形成 C—S—H 凝胶，而铝氧四面体在与 Ca^{2+} 与 OH^- 的作用下形成 AFt 晶体，同时消耗了钛石膏中的 SO_4^{2-}，早期形成的微量钙矾石与钛石膏相互交叉形成了强度保障，随着反应的进行，C—S—H 凝胶反应产物生成量增加，包围在钛石膏基体和钙矾石晶体的表面，在内层相互交叉的结构上增加了一层网状结构，相互填充，形成一个愈发牢固的整体，对碱激发钛石膏矿渣赤泥胶凝材料强度和水稳定性改善明显。

最后，本章对不同龄期碱激发钛石膏粉煤灰胶凝材料稳定黏质土、稳定砂类土、稳定粉质土试样进行了 XRD 检测和孔径分析，并对碱激发钛石膏粉煤灰稳定黏质土进行了 SEM 扫描，结果如下所示。

①碱激发钛石膏粉煤灰胶凝材料稳定黏质土、稳定砂类土、稳定粉质土的主要水化产物为 AFt 和 C—S（A）—H 等物质，稳定砂类土与稳定黏质土在 7 d 时已有 AFt 生成，且水化产物随龄期而逐渐增多。

②通过稳定黏质土 SEM 发现，在 7 d 时大量球状粉煤灰和块状钛石膏填充于土粒之间，有少量凝胶物质附在粉煤灰和钛石膏表面；28 d 时大量针状钙矾石生长在粉煤灰石膏土粒之间，形成骨架结构，强度显著提升；90 d 时钙矾石与胶凝物质开始大量生成，填充在混合料的空隙中，形成骨架结构，结构进一步密实，试件强度提升。

③对稳定砂类土、稳定粉质土、稳定黏质土的孔径分析发现，在 7 d、28 d、90 d 内 3 类稳定土试样的孔径峰值随龄期逐渐向低孔径范围移动。通过比较孔径分布发现，7 d、28 d、90 d 时稳定黏质土的密实性最好，稳定粉性土的最差。

第十章　主要结论

10.1　碱激发钛石膏粉煤灰胶凝材料及综合稳定土

本部分以钛石膏、粉煤灰、水泥为主要原料制备了用于稳定土的碱激发钛石膏粉煤灰胶凝材料，在胶凝材料方面，通过 7 d、14 d、28 d 无侧限抗压强度试验，确定了碱激发钛石膏粉煤灰胶凝材料中钛石膏的合理掺量及不同浸水时间对该胶凝材料抗压强度的影响，通过计算软化系数对该胶凝材料进行水稳定性评价。在碱激发钛石膏粉煤灰胶凝材料稳定土方面，通过无侧限抗压强度试验，确定了胶凝材料用于稳定土的合理掺量及养护方式；通过 CRB 试验，对碱激发钛石膏粉煤灰胶凝材料改良土是否能够用于路基填筑进行了评价；通过无侧限抗压强度试验、弯拉强度试验、劈裂强度试验、单轴压缩弹性模量试验、冲刷试验、冻融试验、干缩试验、温缩试验等路用性能试验，对稳定砂类土、稳定黏质土、稳定粉质土进行对比，评价了 3 类稳定土的路用性能。另外，通过电镜扫描（SEM）对碱激发钛石膏粉煤灰胶凝材料及稳定黏质土进行了检测，并对 7 d、28 d、90 d 的稳定黏质土、稳定砂类土、稳定粉质土进行了 XRD 检测和孔径分析，主要结论如下。

①通过对比普通硅酸盐水泥、氢氧化钠、硅酸钠 3 类碱性激发剂发现，硅酸盐水泥作为胶凝材料的碱性激发剂是合适的，而氢氧化钠、硅酸钠易使胶凝材料开裂崩解，不宜作为碱性激发剂。针对水泥作为碱性激发剂，通过薄膜养护、湿养护、浸水养护发现，胶凝材料早期不宜进行湿养和浸水养护，采用薄膜养护的方式适合。采用 10% 水泥掺量作碱性激发剂时发现，碱激发钛石膏粉煤灰胶凝材料 7 d 龄期内，抗压强度发展缓慢，5 组配合比试件的抗压强度随钛石膏掺量增多而增大；14～28 d 龄期强度发展显著，当膏灰比为 5∶5 时，14 d、28 d 抗压强度分别居前两位，分别为 4.4 MPa、5.3 MPa。浸水养护 8 d、22 d 发现，胶凝材料膏灰比为 3∶7、4∶6、5∶5 的软化系数明显高于其他两组，其中膏灰比为 5∶5 的试件抗压强度最大，软化系数大于 0.82。

②10%～30% 胶凝材料掺量用于稳定黏质土时，28 d 内抗压强度随胶凝材料掺量增

多而增大，掺量在20%以上时，7 d抗压强度能满足《公路路面基层施工技术细则》（JTG/T F20—2015）中二级及以下中、轻等级交通石灰粉煤灰稳定类材料的公路底基层强度要求。与黏质土相比，5%、10%胶凝材料掺量，分别使黏质土的 CBR 值提高 40.6%、62.5%，其中胶凝材料掺量为5%时，改良黏质土的 CBR 值能满足《公路路基设计规范》（JTG D30—2015）中各等级公路路堤的要求；胶凝材料掺量为10%时，改良黏质土 CBR 值可满足三级、四级公路路床和路堤的要求。在薄膜养护、湿养护、干湿养护结合、浸水养护4种养护方式中，采用薄膜养护的试件7 d、28 d抗压强度最高，该养护方式优良，前3天薄膜养护后湿养的方式次之，其中，湿养及7 d内浸水3 d、5 d的方式出现开裂现象。

③对比稳定黏质土、稳定砂类土、稳定粉质土的7 d、28 d、90 d抗压强度发现，3类稳定土的抗压强度随龄期增大，7~90 d稳定砂类土抗压强度最大，而稳定黏质土7 d抗压强度低于稳定粉质土。另外，3类稳定土的7 d抗压强度均大于0.5 MPa，能够满足《公路路面基层施工技术细则》（JTG/T F20—2015）中二级及以下重交通和高速公路、一级公路中轻交通的石灰粉煤灰稳定材料类底基层的7 d抗压强度要求。

④经劈裂试验与弯拉强度试验发现，稳定黏质土的抗弯拉性能最优，稳定粉质土最差，其中稳定黏质土的90 d弯拉强度代表值为0.63 MPa，能满足《公路沥青路面设计规范》（JTG D50—2017）中水泥粉煤灰稳定土和石灰粉煤灰稳定土的弯拉强度要求；稳定砂类土、稳定粉质土的90 d弯拉强度代表值分别为0.56 MPa、0.45 MPa，符合《公路沥青路面设计规范》（JTG D50—2017）中石灰土的强度要求。经单轴压缩弹性模量试验发现，稳定砂类土弹性模量最高，稳定粉质土最低。

⑤经抗冲刷试验发现，稳定粉质土的质量损失率最大，而稳定黏质土的质量损失率最小。经冻融试验发现稳定粉质土的抗冻性较好，其 BDR 值为68%，满足《公路沥青路面设计规范》（JTG D50—2017）中石灰粉煤灰稳定类材料在中冻区的抗冻要求，而稳定砂类土、稳定黏质土不能满足5次冻融循环的要求，但稳定砂类土抗冻性优于稳定黏质土。

⑥经干缩试验发现，7 d内碱激发钛石膏粉煤灰胶凝材料稳定黏质土、稳定砂类土、稳定粉质土的失水显著，干缩系数增长快，稳定粉质土的累积干缩系数高于稳定砂类土、稳定黏质土，而稳定黏质土的收缩系数最低。经温缩试验发现，在-20~40 ℃温度范围，稳定砂类土、稳定粉质土、稳定黏质土的温缩系数随温度降低而变大，其中在-20~0 ℃时，3类稳定土的温缩系数最大；当在0~40 ℃时，3类稳定土的温缩系数显著降低。

⑦胶凝材料和稳定黏质土、稳定砂类土、稳定粉质土的主要水化产物为 AFt、

C-S-H、C-S-A-H 等胶凝物质。胶凝材料、稳定砂类土与稳定黏质土在 7 d 时已有钙矾石生成，水化产物随龄期增长而增多。通过稳定黏质土 SEM 发现，7 d 时粉煤灰和钛石膏起到填充作用，少量凝胶物附着在粉煤灰和钛石膏表面；28 d 时大量针状钙矾石生长，形成骨架结构，强度提升；90 d 时钙矾石与胶凝物大量生成，结构更密实、强度进一步提升。

⑧经稳定砂类土、稳定粉质土、稳定黏质土的孔径检测发现，7 d、28 d、90 d 3 类稳定土试样的孔径峰值随龄期增长逐渐向低孔径范围移动；通过比较孔径分布发现，7 d、28 d、90 d 时稳定黏质土的密实性最好，而稳定粉质土的密实性最差。

10.2 碱激发钛石膏矿渣胶凝材料及稳定碎石

本部分以利用钛石膏、矿渣、碱激发剂、级配碎石制备碱激发胶凝材料稳定碎石为目的，对碱激发胶凝材料组成设计、碱激发胶凝材料稳定碎石的配合比设计、力学性能和耐久性等进行研究，主要得到以下几点结论。

①以硅酸钠为激发剂，Na_2O 用量为 4%，钛石膏掺量为 30% 制备了碱激发胶凝材料，采用 XRD、SEM 和 DSC 等手段分析了碱激发胶凝材料的水化机制。试验结果表明：不同龄期下碱激发钛石膏-矿渣胶凝材料的水化产物基本相同。不同龄期试件的 XRD 图谱检测到了 C-S-H 凝胶和 AFt 晶体的峰；SEM 电镜图中也出现了 C-S-H 凝胶和 AFt 晶体；不同龄期试件的热重分析图中在 0~100 ℃ 出现 C-S-H 凝胶和 AFt 晶体的失重峰。碱激发钛石膏-矿渣胶凝材料的水化机制过程可解释为：在水化反应初期，钛石膏粉和矿渣粉在水和碱激发剂的帮助下，溶解出大量 Ca^{2+} 和 SO_4^{2-}，同时硅氧四面体和铝氧四面体迅速解体，在水化早期主要依靠解体的铝氧四面体和 Ca^{2+} 形成的 AFt 晶体为胶凝材料体系提供强度保证，随着养护龄期增加，水化反应持续进行，不断生成 C-S-H 凝胶和 AFt 晶体，充分填充结构内部空隙，并使结构内部致密程度增加，为胶凝材料强度增强提供了有力保证。

②以钛石膏掺量为 0、10%、20%、30%、40%，Na_2O 用量为 3%、4%、5%、6%、7% 为变量，采用硅酸钠、氢氧化钠两种激发剂，共设计了 5 组配合比试验，测定了每组的凝结时间、抗折强度（3 d、7 d、28 d）和抗压强度（3 d、7 d、28 d）。试验结果表明：硅酸钠为激发剂的激发效果整体优于氢氧化钠为激发剂的；综合凝结时间、抗折强度和抗压强度试验结果，碱激发胶凝材料的优选材料组成设计为以硅酸钠为碱激发剂，Na_2O 用量为 4%，钛石膏掺量为 20%、30% 和 40%，该材料组成设计范围下碱

激发胶凝材料的强度相差不大且均能满足 32.5 水泥的强度要求，且优于碱激发矿渣胶凝材料的强度。

③以钛石膏掺量为 20%、30%、40%，胶石比为 5∶95、10∶90、15∶85 为变量，共设计了 9 组 ASM 混合料配合比试验，测定了每组配合比下的无侧限抗压强度（7 d、28 d）、劈裂强度（7 d、28 d）、水稳定性系数（7 d、28 d）和干缩系数（7 d、28 d）。试验结果表明：7 d 和 28 d 龄期 ASM 的无侧限抗压强度和劈裂强度均随着胶石比的增多而增加，在胶石比为 15∶85 时出现强度峰值，7 d 和 28 d 龄期 ASM 的无侧限抗压强度和劈裂强度均随钛石膏掺量的增多呈先上升后下降的趋势，在钛石膏掺量为 30% 时，强度出现峰值；ASM 的 7 d 和 28 d 水稳定性系数在各胶石比下均随钛石膏掺量的增多而逐渐下降，当钛石膏掺量为 20% 和 30% 时，混合料的 7 d 和 28 d 水稳定性系数随胶石比增加而不断下降，钛石膏掺量为 40% 时，随胶石比增加而不断上升；除胶石比为 5∶95、钛石膏掺量为 40% 的 7 d 水稳定性系数略低于 0.85 外，其他配合比混合料的水稳定性系数均大于 0.85，说明其他配比下混合料的水稳定性整体良好；混合料的 7 d 和 28 d 失水率随胶石比增加而逐渐上升，随钛石膏掺量增加也逐渐上升，干缩系数随胶石比增加而上升，随钛石膏掺量增加而逐渐下降；综合无侧限抗压强度、劈裂强度、水稳定性、干缩性能试验结果，且为了充分利用钛石膏，本书优选 ASM 混合料的最适宜配合比为胶石比 5∶95、钛石膏掺量为 30%。

④以钛石膏掺量为 30%、胶石比为 5∶95 为配合比制备 ASM 混合料，测定其无侧限抗压强度（7 d、28 d、60 d、90 d）和劈裂强度（7 d、28 d、60 d、90 d），并与 CSM 进行力学性能对比。强度形成机制分析表明：ASM 混合料能形成良好的力学性能主要依靠物理作用和化学作用。物理作用主要是机械压实作用，ASM 在机械压实作用下，碱激发胶凝材料和粗细骨料间不断密实，内部空隙中的空气不断被挤出，从而空隙减小，提高了混合料内部的致密性和稳定性；化学作用主要是碱激发胶凝材料不断发生水化作用，随着养护龄期的增加，碱激发胶凝材料不断发生水化反应生成 C-S-H 和 AFt，充分填充混合料内部空隙并加强混合料内部各成分间的连接，提高试样结构的致密性。力学性能试验结果表明：CSM 和 ASM 的抗压强度和劈裂强度随养护龄期增加的变化规律一致，均随养护龄期增加而不断增加，且强度增长速度随着龄期增加而不断变缓，在 7 d 龄期内增长最快，7～28 d 龄期内强度增长明显，28～60 d 龄期内强度增长趋势变缓，60～90 d 龄期内强度增长趋于平缓；各龄期 ASM 的抗压强度均比 CSM 的高，ASM 的 7 d 抗压强度为 7.6 MPa，较 CSM 提升了 13.43%，28 d 抗压强度为 11.5 MPa，较 CSM 提升了 30.68%，60 d 抗压强度为 13.2 MPa，较 CSM 提升了 34.69%，90 d 抗

压强度为 14.2 MPa，较 CSM 提升了 36.54%，ASM 的无侧限抗压强度较 CSM 更优；各个龄期下 ASM 的劈裂强度也均比 CSM 的高，ASM 的 7 d 劈裂强度为 0.52 MPa，较 CSM 提升了 13.04%，28 d 劈裂强度为 0.69 MPa，较 CSM 提升了 16.95%，60 d 劈裂强度为 0.83 MPa，较 CSM 提升了 16.9%，90 d 劈裂强度为 0.95 MPa，较 CSM 提升了 20.25%，ASM 的劈裂强度较 CSM 表现更优。

⑤以钛石膏掺量为 30%、胶石比为 5∶95 为配合比制备 ASM 混合料，进行水稳定性（7 d、28 d、90 d）、抗冲刷性能（28 d、90 d）、干缩性能（90 d）、碳化性能（28 d、90 d）、抗冻性能（28 d、90 d）、疲劳性能（90 d）研究，并与 CSM 对比以上性能。试验结果表明：ASM 在各龄期的水稳定性系数均大于 CSM 的水稳定性系数，说明 ASM 在各龄期的水稳定性整体优于 CSM 的；CSM 和 ASM 的冲刷质量损失均随龄期的增长而减少，且在各龄期 ASM 的冲刷质量损失均比 CSM 混合料的要少，说明 ASM 抗动水侵蚀性能较 CSM 优；CSM 和 ASM 两种混合料的干缩系数变化趋势基本一致，随着龄期的增加，干缩系数总体呈上升趋势，且在 7 d 内干缩系数增长较快，7~31 d 干缩系数增长变缓，31 d 以后干缩系数增长基本趋于平缓，ASM 在各个龄期下的干缩系数明显低于 CSM 的，ASM 与 CSM 相比，7 d 干缩系数下降了 38.44%，31 d 干缩系数下降了 35.84%，90 d 干缩系数下降了 33.83%，因此 ASM 的干缩性能优良；ASM 在不同龄期下经历不同碳化时间作用后的残余强度比比 CSM 的要低，28 d 龄期 ASM 经历 3 d、7 d 和 14 d 碳化作用后的残余强度比比 CSM 分别低 11.37%、19.27% 和 23.69%，90 d 龄期下的残余强度比比 CSM 分别低 7.49%、13.06% 和 15.55%，因此 ASM 的抗碳化性能较 CSM 差；ASM 在各龄期经历各冻融循环次数后的残余强度比比 CSM 的要高，ASM 在 28 d 龄期下经历 5 次、10 次和 15 次冻融循环后的残余强度比比 CSM 的分别高 6.95%、12.16% 和 12.01%，90 d 龄期比 CSM 的分别高 4.94%、8.99% 和 10.09%，因此 ASM 的抗冻性能优良；在 50% 和 95% 保证率下，ASM 的疲劳方程的截距大于 CSM 的，且 ASM 混合料的疲劳方程位于 CSM 混合料之上，ASM 在各应力水平下的对数疲劳寿命大于 CSM 的，ASM 的抗疲劳性能表现较优。

⑥ASM 在水稳定性、抗冲刷性、干缩性、抗冻性、疲劳性等上相较于 CSM 更优，但其抗碳化性能较差。

⑦以钛石膏掺量为 30%、胶石比为 5∶95 的配合比制备 ASM 混合料，并进行 5 次、10 次和 15 次的冻融处理，测定冻融后 ASM 的疲劳性能（90 d）。试验结果表明：随着冻融循环作用次数的增加，ASM 的剩余疲劳寿命百分率逐渐下降，且下降趋势逐渐变缓，随着应力水平的增加 ASM 的剩余疲劳寿命百分率逐渐下降。

10.3 碱激发钛石膏矿渣稳定土

本部分以固废钛石膏、矿渣为主要原料，以水玻璃为碱性激发剂制备碱激发钛石膏矿渣胶凝材料，以稳定粉土作道路底基层，并评价其路用性能和盐侵蚀性能。在碱激发钛石膏矿渣胶凝材料稳定粉土方面，首先，通过 7 d、14 d、28 d 无侧限抗压强度试验确定了胶凝材料稳定粉土的合理掺量及养护方式，并通过计算水稳系数对稳定粉土的水稳定性进行评价。其次，固定胶凝材料掺量，对胶凝材料稳定粉土用作底基层的路用性能、盐侵蚀性能进行评价。最后，运用 SEM、XRD，解释了碱激发钛石膏矿渣胶凝材料稳定粉土强度发展机制。本部分主要结论如下。

①随着胶凝材料掺量的增加，稳定粉土强度先增大后减小。当胶凝材料掺量为 10%，可达到道路底基层强度指标。在两种养护方式中，推荐薄膜养护方式。此外，试验结果表明，薄膜养护 6 d 浸水 1 d、8 d、22 d 后，相同龄期水稳系数随胶凝材料掺量先增大后减小，相同掺量水稳系数随浸泡时间的增长而持续减小。当胶凝材料掺量为 10%，薄膜养护 6 d 浸水 1 d、8 d、22 d 后水稳系数均不小于 0.81。

②胶凝材料稳定粉土的强度随龄期的增长而增大。其中，7 d、28 d、90 d 无侧限抗压强度代表值分别为 4.37 MPa、10.92 MPa、11.97 MPa，7~90 d 强度递增率分别为 149.9%、9.6%；劈裂强度代表值分别为 0.64 MPa、0.78 MPa、1.01 MPa，7~90 d 强度递增率分别为 21.9%、29.5%。经过 5 次冻融循环后，试件仍保持完整性，质量损失为 4.2%，残留抗压强度比为 79%。在 90 d 稳定粉土干缩试验中，1~15 d 内干缩系数增长较快，15~29 d 干缩系数增长变缓，29 d 后干缩系数趋于稳定。在稳定粉土温缩试验中，−20~10 ℃时，稳定粉土试件的温缩系数变化平缓；10~30 ℃时，温缩系数略有降低；30~40 ℃时，温缩系数急剧降低。

③在 NaCl 单盐侵蚀试验中，薄膜养护 6 d 浸泡 8 d 的稳定粉土随着浓度的增高耐盐腐蚀系数持续下降；浸泡 22 d 的稳定粉土随着浓度的增高耐盐腐蚀系数先增大后减小。在 Na_2SO_4 单盐侵蚀试验中，浸泡 8 d、22 d 的稳定粉土随着浓度的增高耐盐腐蚀系数均持续下降。在复合盐侵蚀试验中，浸泡 8 d、22 d 的稳定粉土随着浓度的增高耐盐腐蚀系数先增大再减小。其中，除 10 倍的 Na_2SO_4 单盐侵蚀和 10 倍的复合盐外，其余各组稳定粉土经盐溶液浸泡后，耐腐蚀系数均不小于 0.77。

④碱激发钛石膏矿渣胶凝材料稳定粉土中水化产物主要为钙矾石、水化硅酸钙、水化硅铝酸钙。水化产物随养护龄期增长而增多，使材料强度得到提高。稳定粉土的

主要反应机制有水化反应和离子交换反应。经盐侵蚀后，材料内部同时生成 Friedel 盐和钙矾石，NaCl 浓度的增高有利于生成 Friedel 盐，Na_2SO_4 浓度的增高有利于生成钙矾石，二者相互作用，影响内部结构密实性，进而影响强度发展。

10.4 碱激发钛石膏矿渣赤泥胶凝材料及稳定碎石

本部分以利用碱激发钛石膏矿渣胶凝材料稳定碎石为目的，对碱激发钛石膏矿渣胶凝材料的制备关键控制指标、微观机制、环境影响，并对碱激发钛石膏矿渣胶凝材料的胶石比、制备工艺、路用性能等进行试验研究，得到以下几点结论。

①设计了膏渣比分别为 4：6、5：5、6：4、7：3，赤渣比分别为 1：4、1：3、1：2、1：1，硅酸钠掺量为 0、2%、4%、6% 的三因素四水平试验，测定了 7 d、28 d 的无侧限抗压强度，计算了其软化系数。试验显示：对 7 d 抗压强度影响显著程度排序为膏渣比→硅酸钠掺量→赤渣比，对 28 d 抗压强度影响显著程度排序为膏渣比→赤渣比→硅酸钠掺量；对 28 d 浸水抗压强度影响最显著的因素是膏渣比；胶凝材料软化系数随着膏渣比的降低表现出明显上升，并且在膏渣比不大于 6：4 的情况下，胶凝材料软化系数达到 0.97 以上，水稳定性优良；胶凝材料配比范围宜为膏渣比不大于 6：4。

②XRD、SEM-EDS、FTIR、DSC 试验显示：碱激发钛石膏矿渣赤泥胶凝材料的水化过程产物相同。不同龄期试件 XRD 图谱检测到 AFt 晶体、钛石膏、C-S-H 凝胶的峰；SEM 拍摄到了 AFt 晶体、钛石膏、C-S-H 凝胶的形态与分布结构；EDS 能谱仪对成分进行了确认；FTIR 检测到相应物质的官能团的明显波峰；DSC 也进一步确认了在 AFt 晶体、钛石膏、C-S-H 凝胶在相应的温度发生了分解，进一步确定碱激发钛石膏矿渣赤泥胶凝材料的水化产物。试件的水化机制过程可解释为：在反应初期，原材料在体系中发生溶解，为体系提供了 SO_4^{2-} 及 OH^- 等离子，OH^- 的加入能够有效地打破矿渣的玻璃体结构，促使矿渣水化，释放出的 Ca^{2+} 与其结合形成 $Ca(OH)_2$ 等，进一步加快硅、铝氧四面体的解体进程，硅氧四面体与钙离子结合形成 C-S-H 凝胶，铝氧四面体与钙离子、氢氧根离子、硫酸根离子共同作用结合形成 AFt 晶体，生成的微量钙矾石晶体和 C-S-H 凝胶形成强度保障；随着龄期的增加，C-S-H 凝胶持续生成，包裹钛石膏与 AFt 晶体组成的网架结构，共同组成一个愈发坚实的整体，实现了碱激发钛石膏矿渣赤泥胶凝材料强度和水稳定性的保证。

③根据腐蚀性鉴别试验，3 d、7 d、14 d、28 d 龄期碱激发钛石膏矿渣赤泥胶凝材料的浸出液 pH 分别为 11.70、11.73、11.49、11.53，没有达到危险废物规范要求。根

据重金属浸出试验，样品浸出液中 Cr、Zn、As、Cd、Pb 元素浓度随龄期的增长而降低，表明水化过程的产物对重金属元素有一定吸附和包裹作用，生成量愈多，吸附和包裹效果愈好，但 Cu 元素浓度稍有增加；3 d、7 d、14 d、28 d 龄期浸出液 Cr、Cu、Zn、As、Cd、Pb 元素最大浓度分别为 2.306%、6.0735%、3.537%、1.386%、0.006 04%、0.1617%mg/L，满足规范要求的Ⅲ类地下水标准。根据放射性检测试验，胶凝材料的内照射指数 0.2，满足规范要求 2.8 以下，外照射指数 0.4，满足规范要求 2.8 以下；碱激发钛石膏矿渣赤泥胶凝材料符合国家环境规范要求。

④研究了碱激发钛石膏矿渣赤泥胶凝材料稳定碎石的胶石比，测定了 7 d 和 28 d 抗压强度，计算了水稳定性指标，进行了制备工艺的对比试验。试验显示：TGBSM 的无侧限抗压强度随胶石比增大而增大；胶石比为 15：85 时，7 d 龄期 TGBSM 的强度达到 8.96 MPa，达到水泥稳定碎石规范 7 d 的强度要求；胶石比大于 15：85 时，TGBSM 的 7 d 抗压强度超过了 8.96 MPa；7 d 和 28 d 龄期的 TGBSM 软化系数均呈现先增加后降低的趋势，峰值均在胶石比为 15：85；胶石比范围在 15：85~20：80 的 TGBSM 软化系数达到 0.85 以上，水稳性优良，胶石比范围宜为 15：85~20：80。对比钛石膏掺拌工艺发现，湿法掺拌较干法搅拌 7 d 混合料强度下降 63.7%，28 d 强度下降 44.1%，干法掺拌能更好地提高混合料的均匀性，干法掺拌的 7 d、28 d 龄期混合料的抗压强度水平明显高于湿法掺拌；对比养护方式发现，7 d 湿养强度达 8.96 MPa，较干养提高 6%，28 d 强度达 16.86 MPa，较干养提高 15.7%，干养条件下的 7 d、28 d 龄期混合料的抗压强度水平小于湿养，混合料应采用湿养，促进强度的进一步发展。

⑤制备了胶石比为 15：85 的碱激发钛石膏矿渣赤泥胶凝材料稳定碎石混合料（TGBSM），与公路工程中常见的 1#水泥稳定碎石（C-C-3CSM）、2#水泥稳定碎石（C-B-1CSM）进行了路用性能对比试验，测定了无侧限抗压强度、劈裂强度及抗冻性性能指标。无侧限抗压强度试验表明，7 d、28 d、60 d、90 d 龄期的 TGBSM 抗压强度均不小于 C-C-3CSM、C-B-1CSM，其 7 d 抗压强度达到规范规定的水泥稳定碎石路面基层 7 d 强度要求；拥有较高的抵抗轴向变形的能力；这种强发展机理可作如下解释：水化初期，胶凝材料与水充分混合，形成的微量 AFt 晶体和 C-S-H 凝胶提供早期的强度，28 d 龄期内水化反应激烈进行，促使强度增长较快，随着龄期进一步增长，水化进程极大放缓，强度增长率明显降低，特别是 90 d 以后，水化反应所需的原材料消耗殆尽，水化反应达到终点，所以后期强度增长率极小。劈裂试验显示，7 d、28 d、90 d 龄期的 TGBSM 抗压强度都不小于 C-C-3CSM、C-B-1CSM，这是由于其内部较大的内摩阻力和黏聚力，7 d 龄期的 TGBSM 劈裂强度达到 1.01 MPa，相对 C-B-1CSM 提高

62%，比 C-C-3CSM 同比升高 236%，因此 TGBSM 具备一定的抵抗道路基层抗弯拉变形的能力。冻融试验显示，TGBSM、C-C-3CSM、C-B-1CSM 在经历 5 次冻融循环后，强度性能指标较标准对比件下降；3 种混合料冻融后残余强度比由大到小顺序为 TGB-SM→C-B-1CSM→C-C-3CSM，TGBSM、C-B-1CSM、C-C-3CSM 的强度损失率分别为 7.18%、8.36%、14.17%，分析原因：一方面 TGBSM 的胶凝材料含量达到 15%，空隙率相对 C-B-1CSM、C-C-3CSM 小，导致自由水分可侵入的空间少；另一方面是胶凝材料水化产生的 C-S-H 凝胶与 AFt 晶体等较多，不但提供强度，而且凝胶类成分可有效覆盖钛石膏、AFt 晶体表面，对外部的水分起到隔膜的作用，在结构内抵抗水分子的体积膨胀，减少结构间挤压作用，表现较好的抗冻性能。

⑥本部分制备的胶凝材料的固废占比达到 95%以上，以此制备的碱激发钛石膏矿渣赤泥胶凝材料稳定碎石的性能良好，为其在道路工程中的应用提供技术支持，从而实现固废利用和基层材料性能改善的双重目的。

参考文献

［1］ 龚家竹．钛石膏与磷石膏固废耦合资源化利用技术进展［J］．无机盐工业，2019，
　　　51（1）：1-6，11.

［2］ 朱志伟，李鸿钢．新疆矿渣微粉的市场分析［J］．新疆钢铁，2008（4）：54-58.

［3］ 王旭．火电厂废弃物物流的管理优化研究［J］．化工管理，2014（6）：32.

［4］ 顾晓薇，张延年，张伟峰，等．大宗工业固废高值建材化利用研究现状与展望
　　　［J］．金属矿山，2022（1）：2-13.

［5］ LIU W，TENG L，ROHANI S，et al. CO$_2$ mineral carbonation using industrial solid
　　　wastes：A review of recent developments［J］．Chemical engineering journal，2021
　　　（416）：129093.

［6］ 王亚光．赤泥-粉煤灰-脱硫石膏新型胶凝材料微结构演变与复合协同效应［D］．
　　　北京：北京科技大学，2022.

［7］ 董朋朋，尹东杰，韩玉芳．赤泥活性改进及其对水泥熟料性能的影响研究［J］．
　　　新型建筑材料，2022，49（1）：28-30.

［8］ 崔延帅，刘鹏飞，李文福，等．赤泥在水泥生产中的研究进展及替代原料可行性
　　　分析［J］．混凝土世界，2021（10）：74-78.

［9］ 邓捷．钛白粉应用手册［M］．北京：化学工业出版社，2005.

［10］ 焦婷婷．硫酸法钛白生产企业废副产品污染解析与环境风险评估［D］．济南：
　　　山东大学，2017.

［11］ 2020年中国钛白粉总产量达到351万t［J］．无机盐工业，2021，53（2）：110.

［12］ 付一江．近年来中国钛白粉行业的现状及发展前景［J］．硫磷设计与粉体工程，
　　　2020（3）：4-7，57.

［13］ 何燕．国内外钛白粉生产状况［J］．精细化工原料及中间体，2009（5）：28-
　　　32，27.

［14］ 张玖福．利用提钛尾渣及钛石膏制备建筑材料的研究［D］．绵阳：西南科技大

学，2018.

［15］ 杨成军，梁海林，杜旭，等. 化学石膏用于自流平材料的研究简述［J］. 中国建材科技，2011，20（5）：28-31.

［16］ 陈玉兰. 化学石膏的综合处置及应用［J］. 化工管理，2020（10）：53-54，59.

［17］ 纪罗军. 我国硫磷钛工业十年回顾及展望［J］. 硫酸工业，2017（8）：4-17.

［18］ 肖世玉，吕淑珍，宁美，等. 富铁钛石膏做水泥缓凝剂的试验研究［J］. 混凝土与水泥制品，2016（12）：82-87.

［19］ 彭志辉，刘巧玲，彭家惠，等. 钛石膏作水泥缓凝剂研究［J］. 重庆建筑大学学报，2004（1）：93-96.

［20］ 张宾，陈博文，张玉玲. 改性钛石膏作水泥缓凝剂的研究［J］. 水泥，2020（9）：1-6.

［21］ 许佳. 钛石膏作水泥缓凝材料的研究［J］. 四川建材，2019，45（10）：11-12.

［22］ 黄伟，陶珍东，王小波. 钛石膏作水泥缓凝剂的研究［J］. 水泥工程，2009（6）：26-29.

［23］ CHEA C, KHAIRUN A M A, ZAINAL A A, et al. Use of waste gypsum to replace natural gypsum as set retarders in portland cement［J］. Waste management，2008，29（5）：1675-1679.

［24］ GAZQUEZ M J, BOLIVAR J P, VACA F, et al. Evaluation of the use of TiO_2 industry red gypsum waste in cement production［J］. Cement and concrete composites，2013（37）：76-81.

［25］ 黄佳乐，武斌，陈葵，等. 钛石膏作土壤镉污染改良剂的可行性分析［J］. 无机盐工业，2016，48（10）：68-72.

［26］ 王晓琪，姚媛媛，陈宝成，等. 硫酸法钛石膏作为土壤调理剂在油菜上的施用效果研究［J］. 水土保持学报，2018，32（4）：333-338，345.

［27］ WEIWEI Z, YUXIA D, WENLIANG Z, et al. Simultaneous immobilization of the cadmium, lead and arsenic in paddy soils amended with titanium gypsum［J］. Environmental pollution，2020（258）：113790.

［28］ RODRIGUEZ J M P, GARRIDO F. Assessment of the use of industrial by-products for induced reduction of As, and Se potential leachability in an acid soil［J］. Journal of hazardous materials，2009，175（1）：328-335.

［29］ RODRIGUEZ J M P, GARRIDO F. Potential use of gypsum and lime rich industrial by-products for induced reduction of Pb，Zn and Ni leachability in an acid soil ［J］. Journal of hazardous materials，2009，175（1）：762-769.

［30］ 瞿德业，汪君. 钛石膏轻质墙体材料的研制 ［J］. 硅酸盐通报，2009，28（5）：1064-1070.

［31］ 郝建璋. 钛石膏墙体砌块的研制 ［J］. 砖瓦，2011（8）：41-44.

［32］ 隋肃，高子栋，李国忠. 钛石膏的改性处理和力学性能研究 ［J］. 硅酸盐通报，2010，29（1）：89-93.

［33］ LI Z F，JIAN Z，SHUCAI L，et al. Effect of different gypsums on the workability and mechanical properties of red mud-slag based grouting materials ［J］. Journal of cleaner production，2020（245）：118759.

［34］ 白明，陈畅，王宇斌. 外掺料对石膏基复合材料力学性能的影响 ［J］. 矿产保护与利用，2020，40（3）：110-114.

［35］ 施惠生，袁玲，赵玉静. 化工废石膏粉煤灰复合胶凝材料的改性研究 ［J］. 建筑材料学报，2002（2）：126-131.

［36］ 施惠生，赵玉静，李纹纹. 钛石膏与粉煤灰复合胶凝材料力学性能及耐久性研究 ［J］. 非金属矿，2001（5）：25-28，16.

［37］ 施惠生，赵玉静，李纹纹. 钛石膏-粉煤灰-矿渣复合胶凝材料的改性研究 ［J］. 粉煤灰综合利用，2002（2）：27-30.

［38］ JIUFU Z，YUN Y，ZHIHUA H，et al. Properties and hydration behavior of Ti-extracted residues-red gypsum based cementitious materials ［J］. Construction and Building Materials，2019（218）：610-617.

［39］ JIUFU Z，YUN Y，ZHIHUA H. Preparation and characterization of foamed concrete with Ti-extracted residues and red gypsum ［J］. Construction and building materials，2018（171）：109-119.

［40］ 黎良元，石宗利，艾永平. 石膏-矿渣胶凝材料的碱性激发作用 ［J］. 硅酸盐学报，2008（3）：405-410.

［41］ 赵玉静，施惠生. 粉煤灰-钛白石膏路基材料的研究 ［J］. 建筑材料学报，2000（4）：328-334.

［42］ 黄绪泉，刘立明，别双桥，等. 钛石膏改性胶凝材料制备及水化机理 ［J］. 三峡大学学报（自然科学版），2016，38（1）：45-50.

［43］ 张圣涛，刘勇，刘鹏，等. 钛石膏-粉煤灰对水泥稳定碎石收缩特性和强度的影

响 [J]. 兰州理工大学学报, 2017, 43 (4): 141-145.

[44] MAGALLANES R R X, ESCALANTE G J I. Anhydrite/hemihydrate-blast furnace slag cementitious composites: Strength development and reactivity [J]. Construction and building materials, 2014 (65): 20-28.

[45] BERENGER A, OLIVIER G, CHRISTOPHE L, et al. Effect of multiphasic structure of binder particles on the mechanical properties of a gypsum-based material [J]. Construction and building materials, 2016 (102): 175-181.

[46] NOR A R, HAMIDI A A, MOHAMAD R S, et al. A mixture of sewage sludge and red gypsum as an alternative material for temporary landfill cover [J]. Journal of environmental management, 2020 (263): 110420.

[47] MARKSSUEL T M, AFONSO R G A, LAIMARA S B, et al. Gypsum plaster using rock waste: a proposal to repair the renderings of historical buildings in Brazil [J]. Construction and building materials, 2020 (250): 118786.

[48] PAUL N H, DAVID A C M, STEPHANIE G, et al. Use of red gypsum in soil mixing engineering applications [J]. Water and eenrgy international, 2011, 68 (7): 223-234.

[49] MANJIT S, MRIDUL G. Cementitious binder from fly ash and other industrial wastes [J]. Cement and concrete research, 1999, 29 (3): 309-314.

[50] MANJIT S, MRIDUL G. Making of anhydrite cement from waste gypsum [J]. Cement and concrete research, 2000, 30 (4): 571-577.

[51] MANJIT S, MRIDUL G. Study on anhydrite plaster from waste phosphogypsum for use in polymerised flooring composition [J]. Construction and building materials, 2004, 19 (1): 25-29.

[52] MRIDUL G, NEERAJ J. Waste gypsum from intermediate dye industries for production of building materials [J]. Construction and building materials, 2010, 24 (9): 1632-1637.

[53] TONG S, YUQI Z, QIANG W. Recent advances in chemical admixtures for improving the workability of alkali-activated slag-based material systems [J]. Construction and building materials, 2020, 272 (9): 121647.

[54] JOHN L P. Alkali-activated materials [J]. Cement and concrete research, 2017 (114): 1-9.

［55］ HUY H N, JEONG-IL C, HYEONG-KI K, et al. Effects of the type of activator on the self-healing ability of fiber-reinforced alkali-activated slag-based composites at an early age ［J］. Construction and building materials, 2019（224）: 980-994.

［56］ CHEN T, CHEN J, HUANG J. Effects of activator and aging process on the compressive strengths of alkali-activated glass inorganic binders ［J］. Cement and concrete composites, 2017（76）: 1-12.

［57］ ZHAN J, FU B, CHENG Z. Macroscopic properties and pore structure fractal characteristics of Alkali-Activated metakaolin-slag composite cementitious materials ［J］. Polymers, 2022, 14（23）: 5217.

［58］ 马倩敏, 黄丽萍, 牛治亮, 等. 碱激发剂浓度及模数对碱矿渣胶凝材料抗压性能及水化产物的影响研究 ［J］. 硅酸盐通报, 2018, 37（6）: 2002-2007.

［59］ SERHAT Ç, MUSTAFA S, BRAHIM Ö D. Mechanical and microstructural properties of alkali-activated slag and slag+fly ash mortars exposed to high temperature ［J］. Construction and building materials, 2019（217）: 50-61.

［60］ PAVEL R, IVO K, PATRIK B, et al. Electrical and self-sensing properties of alkali-activated slag composite with graphite Filler ［J］. Materials, 2019, 12（10）: 1616.

［61］ ZHU C, WAN Y, WANG L, et al. Strength characteristics and microstructure analysis of alkali-activated Slag-Fly ash cementitious material ［J］. Materials, 2022, 15（17）: 6169.

［62］ WANG Q, SUN S, YAO G, et al. Preparation and characterization of an alkali-activated cementitious material with blast-furnace slag, soda sludge, and industrial gypsum ［J］. Construction and building materials, 2022（340）: 127735.

［63］ SAMARAKOON M H, RANJITH P G, XIAO F, et al. Carbonation-induced properties of alkali-activated cement exposed to saturated and supercritical CO_2 ［J］. International journal of greenhouse gas control, 2021（110）: 103429.

［64］ BAKHAREV T, SAN J Y, CHENG Y. Resistance of alkali-activated slag concrete to carbonation ［J］. Cement and concrete research, 2001, 31（9）: 1277-1283.

［65］ GUODONG H, YONGSHENG J, LINGLEI Z, et al. Advances in understanding and analyzing the anti-diffusion behavior in complete carbonation zone of MSWI bottom ash-based alkali-activated concrete ［J］. Construction and building materials, 2018（186）: 1072-1081.

［66］ QU Z Y, GAUVIN F, WANG F Z, et al. Effect of hydrophobicity on autogenous shrinkage and carbonation of alkali activated slag ［J］. Construction and building materials, 2020 （264）: 120665.

［67］ MARIJA N, BRANKO Š, YIBING Z, et al. Effect of natural carbonation on the pore structure and elastic modulus of the alkali-activated fly ash and slag pastes ［J］. Construction and building materials, 2018 （161）: 687-704.

［68］ 冯智广. 钛石膏基复合胶凝材料的性能研究与利用 ［D］. 杭州: 浙江大学, 2021.

［69］ MCCASLIN E R, WHITE C E. A parametric study of accelerated carbonation in alkali-activated slag ［J］. Cement and concrete research, 2021, 145 （2）: 106454.

［70］ ZHANG J, SHI C, ZHANG Z. Effect of Na_2O concentration and water/binder ratio on carbonation of alkali-activated slag/fly ash cements ［J］. Construction and building Materials, 2020 （269）: 121258.

［71］ ZHENGUO S, CAIJUN S, SHU W, et al. Effect of alkali dosage and silicate modulus on carbonation of alkali-activated slag mortars ［J］. Cement and concrete research, 2018 （113）: 55-64.

［72］ ALAA M R, DINA M S. Behavior of alkali-activated slag pastes blended with waste rubber powder under the effect of freeze/thaw cycles and severe sulfate attack ［J］. Construction and building materials, 2020 （265）: 120716.

［73］ CYR M, POUHET R. The frost resistance of alkali-activated cement-based binders ［J］. Handbook of alkali-activated cements, mortars and concretes, 2015 （6）: 293-318.

［74］ ZHAO Y, YANG C, LI K, et al. Mechanical performances and frost resistance of alkali-activated coal gangue cementitious materials ［J］. Buildings, 2022, 12 （12）: 2243.

［75］ 林雪峰. 钛石膏基复合胶凝材料稳定碎石路用性能试验研究 ［D］. 淄博: 山东理工大学, 2021.

［76］ RUNCI A, SERDAR M. Chloride-Induced corrosion of steel in alkali-activated mortars based on different precursors ［J］. Materials （Basel, Switzerland）, 2020, 13 （22）: 5244.

［77］ ZHANG J, SHI C, ZHANG Z, et al. Reaction mechanism of sulfate attack on alkali-activated slag/fly ash cements［J］. Construction and building materials, 2022 (318)：126052.

[78] BAKHARE T A, SANJAYAN J G, CHENG Y B. Sulfate attack on alkali-activated slag concrete［J］. Cement and concrete research, 2002, 32 (2)：211-216.

[79] ALLAHVEDI A, HASHEMI H. Investigating the resistance of alkali-activated slag mortar exposed to magnesium sulfate attack［J］. International journal of civil engineering, 2015, 4 (13)：379-387.

[80] ABDOLLAHNEJAD Z, MASTALI M, LUUKKONEN P, et al. High strength fiber reinforced one-part alkali activated slag/fly ash binders with ceramic aggregates：Microscopic analysis, mechanical properties, drying shrinkage, and freeze-thaw resistance ［J］. Construction and building materials, 2020 (241)：118129.

[81] NEDUNURI A S, MUHAMMAD S. Fundamental understanding of the setting behaviour of the alkali activated binders based on ground granulated blast furnace slag and fly ash ［J］. Construction and building materials, 2021 (291)：123243.

[82] FU B, CHENG Z, HAN J, et al. Understanding the role of metakaolin towards mitigating the shrinkage behavior of alkali-activated Slag ［J］. Materials, 2021, 14 (22)：6962.

[83] 程臻赟, 傅博, 韩静云. 氢氧化钾-水玻璃对碱矿渣水泥水化行为的影响［J］. 科学技术与工程, 2018, 18 (30)：228-232.

[84] 谢建和, 李丽明, 黄俊健, 等. 缓凝剂对碱激发材料性能影响的研究进展［J］. 建筑科学与工程学报, 2023 (5)：20-31.

[85] 樊晓丹, 李玉祥, 王少剑, 等. 碱激发超细矿渣粉制备灌浆料的缓凝问题研究 ［J］. 混凝土, 2014 (10)：81-85.

[86] D UŻY P, CHOINSKA M, HAGER I, et al. Mechanical strength and chloride Ions' penetration of alkali-activated concretes (AAC) with blended precursor ［J］. Materials, 2022, 15 (13)：4475.

[87] LUO B, WANG D, MOHAMED E. Study on mechanical properties and durability of alkali-activated silicomanganese slag concrete (AASSC) ［J］. Buildings, 2022, 12 (10)：1621.

[88] ZHANG B, ZHU H, CAO R. Mechanical properties and drying shrinkage of alkali-activated seawater coral aggregate concrete ［J］. Journal of Sustainable Cement-Based Ma-

terials，2022，11（6）：408-417.

［89］王连坤，林文皓，刘杰，等．碱激发再生骨料纤维混凝土的工作性和力学性能研究［J］．混凝土与水泥制品，2023（5）：55-58.

［90］郭志坚，李文凯．碱激发矿渣/粉煤灰复合混凝土性能研究［J］．中外公路，2022，42（5）：216-220.

［91］AIKEN T A，KWASNY J，SHA W，et al. Mechanical and durability properties of alkali-activated fly ash concrete with increasing slag content ［J］. Construction and building materials，2021（301）：124330.

［92］AVINASH T，SHANKAR A U. Alkali activated slag-fly ash concrete incorporating precious slag as fine aggregate for rigid pavements ［J］. Journal of traffic and transportation engineering（English Edition），2022，9（1）：78-92.

［93］MITHUN B M. Flexural fatigue performance of Alkali activated slag concrete mixes incorporating copper slag as fine aggregate ［J］. Selected scientific papers-journal of civil engineering，2015，10（1）：7-18.

［94］蔡渝新，刘清风．碱激发混凝土抗氯离子侵蚀性能的数值研究［J］．建筑材料学报，2023，26（6）：1-14.

［95］SHIVARAMAIAH A，RAVI S A U，SINGH A，et al. Utilization of lateritic soil stabilized with alkali solution and ground granulated blast furnace slag as a base course in flexible pavement construction ［J］. International journal of pavement research and technology，2020，13（5）：478-488.

［96］HANIA M，NADER S，POORIA G，et al. Clayey soil stabilization using alkali-activated volcanic ash and slag ［J］. Journal of rock mechanics and geotechnical engineering，2022，14（2）：576-591.

［97］LUO Y，MENG J，WANG D，et al. Experimental study on mechanical properties and microstructure of metakaolin based geopolymer stabilized silty clay ［J］. Construction and building materials，2022（316）：125662.

［98］ZHOU H，WANG X，WU Y，et al. Mechanical properties and micro-mechanisms of marine soft soil stabilized by different calcium content precursors based geopolymers ［J］. Construction and building materials，2021（305）：124722.

［99］陈忠清，朱泽威，吕越．粉煤灰基地聚物加固土的强度及抗冻融性能试验研究［J］．水文地质工程地质，2022，49（4）：100-108.

［100］田平，武双磊，刘浩，等．碱激发粉煤灰固化/稳定化铬污染土壤的研究［J］．
新型建筑材料，2021，48（2）：110-113，119.

［101］MOHAMMADJNIA A，ARULRAJAH A，SANJAYAN J，et al. Strength development
and microfabric structure of construction and demolition aggregates stabilized with fly
Ash-Based geopolymers［J］．Journal of materials in civil engineering，2016，28
（11）：4016141.

［102］LI L，ZHANG H，XIAO H，et al. Mechanical and microscopic properties of alkali
activated fly ash stabilised construction and demolition waste［J］．European journal
of environmental and civil engineering，2020（4）：1-17.

［103］ALIREZA M，ARUL A，ITTHIKORN P，et al. Flexural fatigue strength of demolition
aggregates stabilized with alkali-activated calcium carbide residue［J］．Construction
and building materials，2019（199）：115-123.

［104］李曙龙，吴晚良，万暑，等．碱激发粉煤灰水泥稳定再生集料性能的研究［J］．
公路工程，2020，45（5）：197-202，233.

［105］何燕．国内外钛白粉生产状况与市场分析［J］．化工时刊，1998（1）：37-40.

［106］交通运输部．公路工程无机结合料稳定材料试验规程：JTG E51—2009［S］．北
京：人民交通出版社，2009.

［107］樊先平，王智，贾兴文，等．水泥在石膏复合胶凝材料体系中的作用［J］．非
金属矿，2013，36（1）：46-49.

［108］周万良，龙靖华，詹炳根．粉煤灰-氟石膏-水泥复合胶凝材料性能的深入研究
［J］．建筑材料学报，2008（2）：179-182.

［109］国家环境保护局，国家技术监督局．固体废物 腐蚀性测定玻璃电极法：GBT
15555.12—1995［S］．北京：中国环境科学出版社，1995.

［110］国家环境保护局．固体废物 浸出毒性浸出方法 醋酸缓冲溶液法：HJT 300—
2007［S］．北京：中国环境科学出版社，2007.

［111］国家质量监督检验检疫总局，中国国家标准化管理委员会．地下水质量标准：
GBT 14848—2017［S］．北京：中国标准出版社，2017.

［112］国家环境保护总局，国家质量监督检验检疫总局．危险废物鉴别标准 浸出毒性
鉴别：GB 5085.3—2007［S］．北京：中国环境科学出版社，2007.

［113］国家质量监督检验检疫总局，中国国家标准化管理委员会．建筑材料放射性核
素限量：GB 6566—2010［S］．北京：中国标准出版社，2010.

［114］陈鸿飞，李双喜，田亚超，等．激发剂对矿渣胶凝材料活性及胶结机理的研究［J］．粉煤灰综合利用，2020，34（5）：44-48，57.

［115］交通运输部．公路工程水泥及水泥混凝土试验规程：JTG 3420—2020［S］．北京：人民交通出版社，2020.

［116］ZHAO J，LI S. Study on processability，compressive strength，drying shrinkage and evolution mechanisms of microstructures of alkali-activated slag-glass powder cementitious material［J］．Construction and building materials，2022（344）：128196.

［117］王玲玲，司晨玉，李畅，等．氢氧化钾-钠水玻璃激发剂对碱激发矿渣胶凝材料性能的影响［J］．硅酸盐通报，2022，41（8）：2654-2662，2695.

［118］黄建海．钛石膏基复合胶凝材料组成与性能的研究［D］．广州：广州大学，2021.

［119］JIANGWEI L，WEIGUO S，BINGLIU Z，et al. Investigation on the preparation and performance of clinker-fly ash-gypsum road base course binder［J］．Construction and building materials，2019（212）：39-48.

［120］交通运输部．公路路面基层施工技术细则：JTGT F20—2015［S］．北京：人民交通出版社，2015.

［121］国家市场监督管理总局，中国国家标准化管理委员会．通用硅酸盐水泥：GB 175—2020［S］．北京：中国标准出版社，2020.

［122］邢军，胡竟文，李翠，等．石膏对氧化钙激发高炉矿渣胶凝性能的影响［J］．中国矿业，2019，28（3）：166-171.

［123］杨贺，陈伟，梁贺之，等．钛工业固废钛石膏胶凝性与强度机理分析［J］．非金属矿，2021，44（1）：100-103.

［124］XIANG H，CAIJUN S，ZHENGUO S，et al. Compressive strength，pore structure and chloride transport properties of alkali-activated slag/fly ash mortars［J］．Cement and concrete composites，2019（104）：103392.

［125］AHMED F A，FEI J，ABIR A. Development of greener alkali-activated cement：utilisation of sodium carbonate for activating slag and fly ash mixtures［J］．Journal of cleaner production，2016（113）：66-75.

［126］PARTH P，NANCY S Z，MARIA J，et al. Monitoring the strength development of alkali-activated materials using an ultrasonic cement analyzer［J］．Journal of petroleum science and engineering，2019（180）：538-544.

［127］ 交通运输部．公路路基设计规范：JTG D30—2015［S］．北京：人民交通出版社，2015．

［128］ 交通运输部．公路土工试验规程：JTG E40—2007［S］．北京：人民交通出版社，2007．

［129］ 交通运输部．公路沥青路面设计规范：JTG D50—2017［S］．北京：人民交通出版社，2017．

［130］ 王金生．菏泽地区粉土底基层加固技术与施工技术研究［D］．西安：长安大学，2012．

［131］ 薛晖．低液限粉土压实及底基层稳定性能研究［D］．西安：长安大学，2006．

［132］ 胡力群，沙爱民．沥青路面水泥稳定类基层材料抗冲刷性能试验及机理研究［J］．中国公路学报，2003（1）：15-18．

［133］ 朱唐亮，谈至明，周玉民．水泥稳定类基层材料抗冲刷性能的试验研究［J］．建筑材料学报，2012，15（4）：565-569．

［134］ 朱唐亮，谈至明，周玉民．半刚性基层材料抗冲刷性能试验研究［J］．建筑材料学报，2013，16（4）：608-613．

［135］ 穆彦虎，陈涛，陈国良，等．冻融循环对黏质粗粒土抗剪强度影响的试验研究［J］．防灾减灾工程学报，2019，39（3）：375-386．

［136］ 池秋慧，董金玉．不同饱和度下黏粒含量对土体强度特性的影响［J］．土工基础，2020，34（2）：190-193．

［137］ 黄春霞，黄敏，蔡伟，等．不同黏粒含量粉土的微观结构研究［J］．岩土工程学报，2020，42（4）：758-764．

［138］ 马士力，白云，李大勇．砂土中黏粒含量对渗透性的影响［J］．广西大学学报（自然科学版），2018，43（1）：226-231．

［139］ 孙建华．低液限粉土地区二灰类半刚性材料施工配合比与施工技术研究［D］．济南：山东大学，2006．

［140］ DONG YI L，LI PING G，WEI S，et al. Study on properties of untreated FGD gypsum-based high-strength building materials［J］．Construction and building materials，2017，153（30）：765-773．

［141］ 交通部．公路工程集料试验规程：JTGE 42—2005［S］．北京：人民交通出版社，2005．

［142］ 陆青清．脱硫石膏水泥稳定碎石减缩与增强行为机制［J］．吉林大学学报（工

学版），2021，51（1）：252-258.

[143] 于滨，陈德勇，李沛青，等．胶石比对 AAM 稳定碎石强度和收缩性能的影响 [J]．山东理工大学学报（自然科学版），2023，37（4）：8-14.

[144] 罗任宏．垃圾焚烧飞灰在水泥稳定碎石路面基层中的应用技术研究 [D]．重庆：重庆交通大学，2020.

[145] 暴英波．玄武岩纤维水泥稳定碎石性能研究 [D]．西安：长安大学，2017.

[146] LI Y，LIU X，LI Z，et al. Preparation，characterization and application of red mud，fly ash and desulfurized gypsum based eco-friendly road base materials [J]．Journal of cleaner production，2020，284（12）：124777.

[147] 韩会勇．高水泥掺量对水泥稳定碎石基层温缩及干缩性能的影响研究 [D]．呼和浩特：内蒙古工业大学，2018.

[148] 周启伟，叶伟，杨波，等．水泥稳定碎石低温强度与干缩特性分析 [J]．硅酸盐通报，2016，35（3）：948-952.

[149] 马远，樊传刚，吴悠，等．过硫钛石膏矿渣水泥的制备与性能表征 [J]．非金属矿，2016，39（6）：41-44.

[150] 杨静．混凝土的碳化机理及其影响因素 [J]．混凝土，1995（6）：23-28.

[151] AIGUO W，YI Z，ZUHUA Z，et al. The durability of alkali-Activated materials in comparison with ordinary portland cements and concretes：a review [J]．Engineering，2020，6（6）：695-706.

[152] CHARITHA V，ATHIRA G，BAHURUDEEN A，et al. Carbonation of alkali activated binders and comparison with the performance of ordinary Portland cement and blended cement binders [J]．Journal of building engineering，2022（53）：104513.

[153] 许鑫．季冻区水泥稳定碎石基层损伤特性及数值模拟分析 [D]．长春：吉林大学，2022.

[154] 甄少华．水泥稳定碎石基层材料耐久性提升技术研究 [D]．长沙：长沙理工大学，2019.

[155] 王一琪．荷载-冻融作用下水泥稳定碎石基层材料损伤研究 [D]．哈尔滨：哈尔滨工业大学，2017.

[156] 曾梦澜，阮文，蒙艺，等．二灰钢渣碎石路面基层材的设计与使用性能 [J]．湖南大学学报（自然科学版），2012，39（10）：1-6.

[157] JANSEN D，GOETZ-NEUNHOEFFER F，LOTHENBACH B，et al. The early hydra-

tion of ordinary portland cement (OPC): an approach comparing measured heat flow with calculatcd heat flow from QXRD [J]. Cement and concrete research, 2011, 42 (1): 134-138.

[158] 钱觉时, 余金城, 孙化强, 等. 钙矾石的形成与作用 [J]. 硅酸盐学报, 2017, 45 (11): 1569-1581.

[159] 高英力, 陈瑜, 王迪, 等. 脱硫石膏-粉煤灰活性掺合料设计及水化特性 [J]. 四川大学学报 (工程科学版), 2010, 42 (2): 225-231.

[160] SHIYUN Z, KUN N, JINMEI L. Properties of mortars made by uncalcined FGD gypsum-fly ash-ground granulated blast furnace slag composite binder [J]. Waste management, 2012, 32 (7): 1468-1472.

[161] LI N, AN N. A new view on the kinetics of tricalcium silicate hydration [J]. cement and concrete research, 2016 (86): 1-11.

[162] 伍勇华, 姚源, 南峰, 等. 脱硫石膏-粉煤灰-水泥胶凝体系强度及耐久性能研究 [J]. 硅酸盐通报, 2014, 33 (2): 315-320.

[163] 李云云, 梁文特, 倪文, 等. 钢渣尾泥-矿渣-脱硫石膏三元体系水化硬化特性 [J]. 硅酸盐通报, 2022, 41 (2): 536-544.

[164] 李颖, 吴保华, 倪文, 等. 矿渣-钢渣-石膏体系早期水化反应中的协同作用 [J]. 东北大学学报 (自然科学版), 2020, 41 (4): 581-586.

[165] CHEN S, YUAN H. Characterization and optimization of eco-friendly cementitious materials based on titanium gypsum, fly ash, and calcium carbide residue [J]. Construction and building materials, 2022 (349): 128635.

[166] 邢志强. 砂类土路基顶面封层技术的研究 [D]. 哈尔滨: 东北林业大学, 2009.

[167] 刘松玉, 张涛, 蔡国军. 工业废弃木质素固化改良粉土路基技术与应用研究 [J]. 中国公路学报, 2018, 31 (3): 1-11.